Willkommen
Hundebaby

LIESEL BAUMGART

Willkommen
Hundebaby

Alles, was Sie für den
gemeinsamen Alltag
wissen müssen

Extra:
*Kind
und
Hund*

Was Sie in diesem Buch finden

Das »Projekt Hund«

Ein Hund bringt die Liebe der Tiere zu den Menschen. Er kommt auf

sanften Pfoten in unser Leben getapst und stellt es völlig auf den

Kopf. Nichts wird mehr so sein wie früher, wenn man einem Vierbeiner

mit Verantwortungsgefühl und Liebe ein artgerechtes Leben schenkt.

Erste Überlegungen

Ehe Sie sich in das »Abenteuer Hund« stürzen, gibt es allerlei zu klären. Die Bedürfnisse von Mensch und Tier müssen berücksichtigt werden. Beide sollen mit den Umständen zufrieden sein, sonst hat man bald einen »Problemhund«.

Hundehalter schwärmen von den wunderschönen Erfahrungen, die ihr Liebling ihnen schenkt. Das möchten Sie nun selbst erleben. Oder Sie wollen Ihrem Nachwuchs eine unvergessliche Zeit mit einem Hund schenken, weil Sie wissen: Eine glückliche Kindheit ist das Fundament dafür, dass aus Kindern glückliche Erwachsene werden. Wenn Sie mit einem Hund oder einer Katze aufgewachsen sind, erinnern Sie sich gern daran, wie viel Liebe und Wärme Tiere zu geben haben und wie innig solch eine Beziehung sein kann.

Adoptiert auf Lebenszeit

»Mama, ich möchte einen Hund!« Welche Mutter kennt diesen Satz nicht! Ein süßer Wuschel im Fernsehen, schon ist der Wunsch da, selbst einen Knuddelhund zu haben – zum Streicheln, Kuscheln, Liebhaben, Spielen. Beim Blick in die Welpenaugen schmilzt man dahin. Ein Wunsch allein genügt jedoch nicht. Das Hundebaby soll ja ein endgültiges Zuhause finden. Ausprobieren und wieder loswerden kommt nicht in Frage. Die Antwort darf also keinesfalls lauten: »Versuchen können wir es ja. Morgen gehen wir mal ins Tierheim.« Es wäre der Seele des Hundes gegenüber grausam, ihn anzuschaffen wie ein Paar Schuhe, das man irgendwann wegwirft. Machen Sie sich bitte bewusst, dass der heute so süße Welpe erwachsen wird, später anders aussieht und viele Jahre lang Bedürfnisse hat, die Sie erfüllen müssen. Eltern muss klar sein, dass sie ein Hundeleben lang die Verantwortung tragen. Manche Kinder verlieren schnell die Lust an einem Haustier, wenn sie in die Pubertät kommen und andere Interessen haben. Vor lauter Begeisterung für einen neuen Sport, für die erste Liebe usw. vergessen sie, dass der Hund auf die gewohnte Fürsorge wartet. Und was ist, wenn die Kinder einen Beruf erlernen und nicht mehr zu Hause sind? Der Vierbeiner liegt traurig herum. Sind die Eltern dann bereit, für ihn da zu sein? Sind sie bereit, in dem Hund einen langjährigen Lebensbegleiter zu sehen? Die ganze Familie muss mit der Anschaffung einverstanden sein. Ablehnung würde der Hund spüren. Solange jemand in der Familie das Wort »Köter« verwendet, verzichten Sie bitte auf einen Hund!

Wichtig

In Mietwohnungen und Reihenhäusern kann Hundehaltung verboten sein. Niemand in der Familie darf eine Hundeallergie haben. Vor der Anschaffung prüfen!

Voneinander lernen

Hunde sind die besten Lehrer, die man sich wünschen kann. Sie

- erweitern den Horizont der Menschen und schenken ihnen wundervolle Erfahrungen.
- verschaffen den Menschen einen natürlichen Zugang zu Tieren.
- machen gute Laune und helfen beim Stressabbau.
- sorgen für mehr Bewegung und bessere Gesundheit.
- sind wunderbare Erzieher und Kindermädchen. Sie kümmern sich rührend um »ihre« Kinder, schmusen mit ihnen, passen auf sie auf, suchen engen Körperkontakt, sind verschwiegene Vertraute in Freud und Leid.

Ein Hund kann mit einem Kind lachen und ihm Tränen aus dem Gesicht lecken. Erwachsene können für solch eine liebevolle Zuwendung ebenfalls sehr empfänglich sein. Kinder und auch Erwachsene lernen von Tieren viel über Ehrlichkeit, Freundschaft und Liebe. Tiere wollen mit Liebe und Respekt behandelt werden. Das ist das Wichtigste, was vor allem junge Menschen lernen müssen. Kinder, die im Umgang mit einem Haustier Liebe und Respekt erfahren, haben es dank ihres guten Sozialverhaltens leichter im Leben, weil sie die gesellschaftlichen Werte kennen und weil sie ihr Einfühlungsvermögen schulen konnten.

Ein Hund hilft, Kontakte zu knüpfen. Kinder fühlen sich mit einem vierbeinigen Freund nicht so allein, werden stärker, selbstbewusster und selbstständiger. Sie lernen, aufmerksam zu sein, für den Hund da zu sein, Verantwortung zu tragen. Pünktlichkeit und

Vertrauen beruht auf Gegenseitigkeit.

Zuverlässigkeit sind nicht länger Fremdwörter für sie. Hunde holen Träumer und traurige Menschen aus ihrer Lethargie und geben ihnen eine Perspektive. Kleine Trotzköpfe werden umgänglicher, das kommt auch den schulischen Leistungen zugute. Untersuchungen zufolge werden Kinder, die einen Hund haben, seltener kriminell oder drogenabhängig. Durch all dies sind Hunde eine echte Bereicherung, vollwertige Familienmitglieder, denen die Menschen großen Dank schulden. Gute Gründe, darüber nachzudenken, ob man einem Hund ein schönes Zuhause schenken kann. Niemals darf ein Hund jedoch als Mittel zum Zweck angeschafft werden. Die Enttäuschung wäre vorprogrammiert, wenn der Hund sich als Belastung erweisen würde. Manchmal ist es vernünftiger, auf einen Hund zu verzichten. Wenn Sie mit ganzem Herzen »Ja!« zu einem Hundebaby sagen, fühlen Sie sich bitte sorgsam in Ihren kleinen Freund ein.

Haben wir genug Zeit und Geld für einen Hund?

Einen Hund darf man nicht länger als vier Stunden am Stück allein lassen – vor allem, weil er seine »Geschäfte« erledigen muss, aber auch, weil man ihm sonst fehlt und es zu Verhaltensstörungen kommen kann (Pfotenknabbern usw.). Schon ein Halbtagsjob, bei dem noch die Zeit für Hin- und Rückfahrt dazukommt, schließt Hundehaltung aus.
Ein Hund kann mehr als 15 Jahre alt werden. Wird immer jemand für ihn da sein?
Hunde müssen täglich mehrfach ausgeführt werden, nicht nur um den Block, auch zum Spiel auf der Hundewiese. Dafür sollte man 1 ½ Stunden Zeit einplanen – mehr, wenn man keinen Garten hat, um den Hund alle paar Stunden »aufs Klo« zu führen, und mehr auch, wenn es sich um eine lauffreudige Rasse handelt.

Mütter sind oft überfordert, wenn der Hund hinaus- und der Kinderwagen mitmuss. Der Hund zerrt an der Leine, Hundetraining ist schwer möglich.

Größere Kinder, die sich um einen Hund kümmern sollen, haben manchmal einen so vollen Terminplan, dass ihnen für einen Hund die Zeit fehlt. Einem Kind muss nach dem »Hundedienst« noch freie Zeit bleiben, damit es sich entfalten kann.

Hunde machen Arbeit. Sie tragen Schmutz ins Haus und ins Auto. Selbst der aufgewirbelte Staub, den man auf den Möbeln findet, und die Wollmäuse in den Ecken werden mehr werden und zusätzliche Arbeit erfordern. Kleidung mit »aparten Pfotenabdrücken« muss öfter gewaschen werden.

Ein zweites Kind

»Erst kommt die Tochter, abends kommt der Mann und dann kommt irgendwann der Hund«, sagte eine Frau. »Immer raus mit dem Hund, all der Dreck und, ach, die Arbeit mit dem Fell!« Der Hund wurde weggegeben. Dem Kind erzählte man, er sei gestorben. Als Jahre später Zeit genug für einen Hund war, kam ein neuer Vierbeiner ins Haus. »Er ist wie ein zweites Kind«, sagte die Frau nun. Das hätte sie damals auch haben können ...

Herrchen muss auch mit ran. Wenn erst eine Bindung aufgebaut ist, wird er sich darüber freuen.

Checkliste: Werden wir gute Hundeeltern?
Dann sollten Sie alle angeführten Punkte bejahen können

✓ Wir können einen Hund geistig und körperlich auslasten. (Sonst könnte er »Macken« entwickeln.)

✓ Wir haben Zeit für Spaziergänge, Fellpflege, Spielen, Schmusen mit dem Hund und werden ca. 15 Jahre körperlich dazu in der Lage sein.

✓ Wir fühlen uns in derben Hosen, Wanderschuhen und Regenkleidung wohl.

✓ Wir sind nicht pingelig bei Schmutz.

✓ Wir werden auch Unangenehmes erledigen, z. B. Erbrochenes entfernen, Kot einsammeln, Durchfall vom Teppich wegputzen, Po abspülen, Ohren säubern, Zahnstein entfernen, Krallen schneiden, Flöhe auf dem Hund suchen, Zecken entfernen.

✓ Wir fühlen uns von nassen »Hundeküssen« nicht angewidert und haben nichts gegen stürmische Begrüßungen des Hundes.

✓ Wir wissen, dass mit einem Hund die Freizeitaktivitäten eingeschränkt sind. (Hunde sind in Vergnügungsparks mit Attraktionen für Kinder oft nicht willkommen bzw. es ist ihnen zu laut. Hundestrände sind oft wenig attraktiv.)

✓ Wir suchen unser Urlaubsziel so aus, dass unser Hund sich wohlfühlen wird, bzw. wir haben eine Vertrauensperson, die ihn bei unserer Abwesenheit betreuen kann, auch in Notsituationen (Krankenhausaufenthalt).

✓ Wir werden unseren Garten so einrichten, dass der Hund darin sicher ist (Zaun, keine Giftpflanzen).

✓ Wir sind bereit, den Hund gewaltfrei und sanft, aber konsequent zu erziehen. Bei Stress können wir ruhig bleiben.

✓ Wir können unser Kind anleiten, dem Hund gegenüber freundlich zu sein.

✓ Unser Hund wird Familienanschluss haben (kein Zwinger).

In einem hundegerecht ausgestatteten Auto wird ein »Schmuddelbär« nicht zum Problem.

- Haftpflichtversicherung
- Welpenkindergarten
- Hundeschule
- Auto-Ausstattung (Sicherheitsgurt oder Trenngitter, Box, Decke)
- Liegeplätze
- Leinen, Halsband, Geschirr
- Näpfe
- Bürste, Kamm, Pflegeutensilien
- Spielzeug
- Fachliteratur
- hoher Gartenzaun
- evtl. Spezialfutter bei chronischer Krankheit, z. B. Nierendiät
- notfalls Tierpsychologe, Physiotherapeut.

Ermitteln Sie die Kosten bitte möglichst genau, besonders wenn größere Veränderungen anstehen (Umzug, Hausbau, Kinderwunsch, Arbeitslosigkeit). Man sagt: »Ein Hund kostet im Lauf seines Lebens so viel wie ein Kleinwagen.« Der Kaufpreis, selbst für einen Rassehund, ist dabei das Geringste. Rechnen Sie am Ende lieber noch zehn Prozent dazu. Oft gibt man mehr Geld für den Hund aus als anfangs gedacht. Hier eine Packung Leckerlis, dort ein Spielzeug oder ein Liegekissen für den besten Hund von allen. Da kommt einiges zusammen!

Ein großer Hund erfordert mehr Geld für Futter als ein kleiner.

Für manche Rassen sind besondere Fellpflegekünste gefragt. Wenn man das Zurechtmachen nicht selbst lernt, muss man regelmäßig zum Hundefrisör.

Muss ein größeres Auto angeschafft werden? Die Hundesteuer hängt vom Wohnort ab, in Großstädten und besonders bei »Kampfhunden« kann sie recht hoch sein. Fragen Sie bei der Gemeindekasse nach.

Zu bedenken sind außerdem:

- Impfungen und andere Tierarztkosten
- Parasitenmittel

Unüberlegt

Ein Kind bekam zu Weihnachten einen Hund. Der Mutter war nicht in den Sinn gekommen, dass der Welpe nicht stubenrein sein könnte. Er musste ins Tierheim, denn: »Ich bin froh, dass ich das mit den Windeln hinter mir hab! Da hab ich keine Lust mehr, Pinkelflecken und Hunde-Aa wegzuputzen!«

Wann ist der richtige Zeitpunkt?

Ein Hund kann das Leben zu jedem Zeitpunkt bereichern – oder zur Hölle machen, wenn man sich nicht genügend um ihn kümmert. Fahren Sie nicht zum Welpen-Anschauen, wenn Sie nicht in allernächster Zeit bereit sind, einen Hund aufzunehmen. Dem Charme eines Hundebabys erliegt man sehr schnell und sagt gar zu leicht ja, obwohl es eigentlich nicht vernünftig wäre.

Der beste Zeitpunkt für die Anschaffung eines Hundes ist vor einem daheim verbrachten Urlaub. Mindestens vier Wochen sollte ständig jemand zu Hause sein und sich um das Hundebaby kümmern. Kann es einen schöneren Urlaub geben als mit einem lustigen, verspielten Welpen?

Nicht der richtige Zeitpunkt ist es,

- wenn Veränderungen bevorstehen, bei denen der Hund auf der Strecke bliebe (z. B. Umzug, Baby, Scheidung).
- wenn eine Urlaubsreise oder das Weihnachtsfest ansteht. Gute Züchter und Tierheime geben ihre Schützlinge nur ausnahmsweise vor Feiertagen ab.

Wenn junge Hunde Unfug machen, hat der Mensch nicht gut genug aufgepasst. Mit Unschuldsblick fragt der Kleine: »Hab ich was falsch gemacht?«

Hunde können zwar nicht lesen, verstehen aber mehr, als die meisten Menschen ihnen zutrauen.

- wenn die Zeit für einen Hund fehlt. Er käme zu kurz, wenn Sie z. B. mitten im Hausbau stecken oder eine pflegebedürftige Person zu betreuen haben.
- wenn man Kinder hat, die die Mutter ganztägig fordern.
- wenn beide Eltern arbeiten gehen. Dann wäre der Hund nur im Weg. Es würde

Gut zu wissen

Bei den ca. 50.000 Bissverletzungen, die jedes Jahr in Deutschland ärztlich behandelt werden, gehen ¾ auf das Konto von Hunden im eigenen Umfeld. In über der Hälfte der Fälle sind Kinder betroffen, am häufigsten unter zehn Jahren, überwiegend im Hals- und Kopfbereich.

schnell zu einer leidigen Pflicht, sich um ihn zu kümmern: fröhliches Toben, Spaziergänge mit dem Hund (die man kleinen Kindern nicht ohne Begleitung aufbürden darf!), Fellpflege ... Man würde ihn nur noch durchfüttern. Womöglich würde der Hund sogar weggesperrt und müsste traurig und alleingelassen sein Dasein fristen.
- wenn das Geld knapp ist. In Tierheimen weiß man: Geldsorgen sind der Hauptabgabegrund.

»Ist das Kind nicht noch zu klein?«, lautet eine häufige Frage. Wenn Kinder nie mit dem Hund allein gelassen werden, kann auch die Zeit mit Baby oder Krabbelkind und Hund wunderschön sein. Die beiden werden wie Geschwister aufwachsen.
- Babys sind für Hunde Menschen-Welpen und werden meist beschützt.
- Krabbelkinder können gefährdet sein, wenn sie sich dem Hund ungelenk nähern und nach ihm greifen. Oft sind Hunde sehr duldsam. Ein Hund kann aber auch meinen, ein Kind erziehen zu müssen. Dann muss ihm beigebracht werden, dass er für die Erziehung nicht zuständig ist.
- Kleine Kinder müssen daran gehindert werden, den Hund zu belästigen.
- Schulkinder sind Spielkumpane für den Hund. Sie testen ihre Grenzen. Aufpassen bei Tierquälerei! Auch der eigene Hund kann zum Opfer werden.
- Kinder in der Pubertät können meist gut mit dem Hund umgehen. Vorsichtig sein, wenn ein großer Hund Kinder als geschlechtsreif werdende Konkurrenz betrachtet (Beißunfälle)!

Nur nicht aufdrängen!

Wenn Ihr Kind einen Hund haben soll: Möchte es überhaupt einen? Hält es Hunde vielleicht für böse oder schmutzig? Hat es Angst vor Hunden? Hat es überhaupt eine Beziehung zu Tieren, kann es Tiere süß oder wuschelig finden? Oder sind ihm Tiere egal?

In der heutigen Zeit ist es wichtig, dass durch liebevolle Tierhaltung die Gewaltbereitschaft gegenüber Tieren und Menschen abnimmt und die Ehrfurcht vor allem Lebendigen wächst. Wenn ein Kind Tiere hasst, ist das Risiko groß, dass das »Projekt Hund« schiefgeht. Traut sich Ihr Kind, einen Hund zu streicheln?

Sprechen Sie Menschen mit netten Hunden an, ob es Kontakt aufnehmen darf. Geht es freundlich auf den Hund zu?

Können Sie mit dem Kind auf eine Hundewiese gehen, ohne dass es sich hinter Mama oder Papa versteckt?

Abgeschoben

Zwei kleine Jungen haben einen zehn Jahre alten Mischling. Für sie existiert der Hund gar nicht. Kommt Besuch, muss der Hund in den Keller, oder er bleibt still in seiner Ecke. Die Kinder ignorieren ihn völlig – kein Streicheln, nichts. Das ist nicht das Leben, das ein Hund sich wünscht.

Wenn Kinderaugen und Hundeaugen so um die Wette strahlen, ist das Familienglück perfekt. (Pudel)

Trockenübung

Probieren Sie spielerisch mit einem Plüschhund aus, ob es Ihrem Kind mit dem Wunsch ernst ist. Der Plüschi liegt überall »im Weg«, mal hier, mal da. Das Kind soll ihn füttern und ihm täglich mehrfach eine Schüssel frisches Wasser hinstellen. Geben Sie hin und wieder etwas Erde ins Wasser. So sieht das auch bei einem echten Hund aus. Merkt das Kind, dass das Wasser erneuert werden muss? Herumtollen mit dem Hund und Hilfe bei der Fellpflege gehören ebenso dazu wie ruhiges, freundliches Verhalten beim Hundeerziehungsspiel, wenn das Plüschtier »den Gehorsam verweigert«. Ein Kind kann schon lernen: Streicheln über den Kopf hat ein Hund nicht gerne.
Richten Sie dem Übungshund einen Schlafplatz ein, eine Decke reicht für das Stofftier. Es ist schon jetzt strikt verboten, an Ohren, Schwanz und Fell zu ziehen, in Nase und

Welpen sehen oft tatsächlich aus wie Plüschtiere. Sie haben aber schon eine Persönlichkeit.

Ohren zu pusten, dem Plüschhund auf die Pfoten zu treten, ihn an den Vorderbeinen hochzuheben und fest in den Arm zu nehmen. Kinder deuten Warnsignale des Hundes oft falsch oder ignorieren sie. Daher müssen sie lernen, dass Hunde weder geärgert noch erschreckt oder bedrängt werden dürfen und auch Ruhe brauchen, besonders auf dem Schlafplatz und am Napf. Nehmen Sie sich die Zeit, Kind und Plüschhund stets zu beaufsichtigen.
Halten Sie Ihr Kind dazu an, für Hunde giftige bzw. gefährliche Dinge nicht mehr herumliegen zu lassen, z. B. Malstifte, Bonbonpapier, Büroklammern. Stellen Sie den Papierkorb außer Reichweite. Es ist besser, das mit einem Plüschtier zu üben, als später eine Notoperation mit dem Hund zu durchleiden (und zu bezahlen)! Teddys und Stofftiere der Kinder müssen in Sicherheit gebracht werden, weil viele Hunde sie zerfetzen. Abgebissene Teile und herausgerissene Füllung gehören nicht in den Hundemagen. Eine Notoperation wäre die Folge – und die Kinder wären traurig und dem Hund böse.
Diese Übung sollten Sie mehrere Wochen durchhalten. Zu den Zeiten, wenn Sie später mit dem Hund Spaziergänge machen (mehrfach täglich für mindestens eine halbe Stunde) und die Fellpflege erledigen müssen, nehmen Sie sich nun bewusst frei, um mit Ihrem Kind spazieren zu gehen, oder lassen Sie Ihre Arbeit liegen und lesen Sie ein Hundebuch. »Was macht dein Hund gerade?«, sollten Sie Ihren Nachwuchs immer mal fragen. Das Stofftier könnte z. B. unter dem Tisch liegen und ein Stuhlbein anknabbern. Oder es

Wie riesengroß muss der kleine Hund für das Kind wirken – und doch geht es so angstfrei mit ihm um.

könnte sich in einer Tabuzone befinden, die Sie definiert haben (Bett, Werkraum). Auf so etwas sollen Kinder später achten.

Jetzt wird's ernst

Bitten Sie Hundehalter aus der Nachbarschaft zu Besuch. Ihr Kind klettert natürlich nicht aus Angst auf die Waschmaschine oder trampelt mit den Füßen, als sei ein Tiger hinter ihm her. Doch? Dann versuchen Sie es mit einem kleineren Hund. Schon ein mittelgroßer Hund ist für ein kleines Kind ein Riese. Kinder sollen Hunde anfassen, um zu be-greifen und zu er-fassen, was ein Hund überhaupt ist.

Gehen Sie in ein Tierheim. Dort freut man sich über Menschen, die Hunden Bewegung verschaffen. Immer noch keine Angst? Kommt Ihr Kind mit einem erwachsenen Hund zurecht? Sie auch? Vielleicht erledigt sich das Thema »Welpe« schon, weil sich ein Tierheimhund in Ihr Herz schleicht.

Kindertipp

Manche Tierheime haben eine Jugendgruppe. Dort können Kinder den Umgang mit Hunden üben, bevor sie einen eigenen Hund bekommen.

Welcher Hund passt zu uns?

Sicher wollen Sie keinen »Irgendwiehund«, sondern vielleicht einen ganz doll lieben Schmusebär, einen cleveren Pfiffikus, eine muntere Sportskanone oder einen kleinen süßen Wuschel, der ein Leben lang ein kleiner süßer Wuschel bleibt. Hundetrainer können ein Lied davon singen, was passiert, wenn Hund und Mensch nicht zueinander passen. Es gibt

- »Renner« und »Penner« (lebhafte und träge Hunde).
- »harte« Hunde (kaum zu beeindrucken, unempfindlich) und »weiche« Hunde (leicht zu führen, sensibel).
- Draufgänger und Angsthasen.
- Raufer und Friedensengel.

Oft werden Hunde weggegeben, weil man ihrem rassetypischen **Wesen** nicht gerecht werden konnte. Das kann für Mensch und Tier sehr schmerzvoll sein. Informieren Sie sich über die Bedürfnisse Ihrer Wunschrasse. Bemühen Sie sich, mehrere Hunde der Rasse in natura zu erleben, die vielleicht nach einem Buch ausgewählt wurde. Sprechen Sie mit ihren Haltern darüber, was diese Hunde brauchen. Ein vierbeiniger Naturbursche, der viel laufen möchte, wird z. B. bei einem arthrosekranken Rentner nicht glücklich. Schnell nennt man ihn »Problemhund«, obwohl er für eine »Verhaltensstörung« nichts kann. Hundehaltung macht keinen Spaß, wenn jeder Spaziergang Stress bedeutet und zur Zerreißprobe von Leine und Nerven wird oder wenn der Hund das Innere des Autos zerlegt, weil

man sich mit der Rasse bzw. mit der Erziehung eines solchen »Kalibers« übernommen hat. Für Anfänger sind führige, eher kleine Rassen zu empfehlen – was nicht heißt, dass alle kleinen Rassen leicht zu erziehen sind! Die Größenangaben in Hundebüchern beziehen sich auf die Schulterhöhe. Charakterlich besteht aber ein himmelweiter Unterschied zwischen einem Hütehund von 55 cm und einem Husky von 55 cm.

Auch die **Lebensumstände** und die Wohnsituation entscheiden darüber, welcher Hund

Terrier und Terrier-Mischlinge gehören meist zu den »Rennern«, Draufgängern oder gar Raufern.

einziehen darf. Es wäre z. B. keine gute Idee, einen Terrier oder anderen Hund mit Jagdtrieb in einen Haushalt mit Katzen oder Kleintieren zu holen, die zur Beute werden. Jeder Hund freut sich über einen Garten. Sofern man täglich mehrfach Spaziergänge machen kann, ist ein Garten nicht unbedingt Voraussetzung – aber: Wer kann das schon? Ein Garten darf nur eine Ergänzung zu den Spaziergängen sein, kein Ersatz. Hunde brauchen geistige Anregungen, Sozialkontakte (andere Hunde begrüßen, Bäume abschnuppern) und freies Austoben. Besonders Arbeitsrassen wie Hütehunde, Schlittenhunde und Jagdhunde sind sehr naturverbunden und werden unglücklich, wenn sie nicht nach Belieben zwischen Garten und Familienzugehörigkeit wählen können; sie würden ohne Garten verkümmern. In eine Etagenwohnung ohne Aufzug gehört weder ein massiger Hund noch einer mit einem langen Rücken, denn das Bewältigen der Treppe würde früher oder später zum Problem werden. Das Gleiche gilt für Rassen, die zu Hüftgelenksdysplasie (HD) neigen. Je kürzer das **Fell**, desto pflegeleichter der Hund, desto geringer der Zeitaufwand für die Pflege und desto weniger Schmutz in Wohnung und Auto.

Je nach Felllänge ist der Pflegeaufwand für einen Hund unterschiedlich.

Trügerische Erinnerung

Eine Frau wollte einen mittelgroßen Hund – so einen, wie in ihrer Kindheit ihr Nachbar gehabt hatte. Beim Züchter kamen ihr Hunde entgegen, die kleiner aussahen, als sie den Nachbarshund in Erinnerung hatte. Der Rassestandard war nicht geändert worden, die Frau war nur gewachsen.

Mein besonderer Tipp

Gut beraten ist man mit Hunden, die Arbeitsprüfungen ablegen. Gesundheit und Arbeitstauglichkeit gehen Hand in Hand. Solche Hunde können allerdings bei der Erziehung eine echte Herausforderung sein und müssen geistig wie körperlich gut ausgelastet werden. So gehört zum Beispiel ein Border Collie, dessen Eltern im Hüteeinsatz sind, oder ein Jagdhund aus einer Leistungszucht nicht in die Hände von Hundeanfängern.

Rassehund oder hübscher Mischling? Die Unterscheidung fällt manchmal schwer.

Rassehund oder Mischling?

Beim Rassehund lässt sich ungefähr voraussagen, wie der erwachsene Hund aussehen und welchen Charakter er haben wird. Leider sind Rassehunde oft überzüchtet: übertriebene Körpermerkmale. Erbkrankheiten treten durch enge Verwandtschaft der Elterntiere relativ häufig auf (z. B. Herzfehler, Schilddrüsenerkrankungen, Gelenkmissbildungen), obwohl Genetiker schon lange vor »Linienzucht« warnen. Ängstlichkeit und Aggressivität sind teilweise erblich. Informieren Sie sich bitte über typische Probleme Ihrer Wunschrasse. Wenn Ihnen solche Mängel bekannt werden, sollten Sie auf den Kauf verzichten.

Mischlinge aus zwei Rassehunden bringen die Eigenschaften ihrer Elterntiere mit und sind meist nur geringfügig gesünder. Ein »Gatomi« (»*ganz toller Mix*«), in dem die Anlagen der Hunde »des halben Dorfes« stecken, hat dank genetischer Vielfalt die besten Voraussetzungen, gesund alt zu werden. Sein späteres Aussehen kann allerdings niemand voraussagen. Zur Orientierung: Je größer die Welpenpfoten, desto größer wird der Hund (Ausnahme: Hunde mit verkürzten Beinknochen, z. B. Bassets).
Ein Rassehund ist teurer als ein Mischling und als ein Welpe, den man »im Vorübergehen« kauft. Gute Aufzucht hat ihren **Preis**. Besser, man investiert etwas mehr Geld in ein gutes

Bei einem Welpen des Wurfs springt der Funke über, bei anderen nicht. (Berner Sennenhunde)

Fundament, als später noch viel mehr Geld zum Tierarzt und zum Hundetherapeuten zu tragen. Setzen Sie bitte alles daran, einen Züchter zu finden, dem Gesundheit und Wesensstärke seiner Hunde mehr am Herzen liegen als übertriebene »Schönheit«.

Auswahl mit Herz und Verstand

Manchmal verliebt man sich in einen Welpen aus der Nachbarschaft oder in das Foto eines Rassehundes. Oft findet man intuitiv den Hund, der zu einem passt. Beziehen Sie Ihr Kind bei der Wahl der Rasse mit ein. Fragen Sie beim Blättern in einem Rassebuch:

»Welchen magst du leiden?« Besuchen Sie eine **Hundeausstellung**. Sehen Sie sich die Rassen an, die infrage kommen. In natura sind Hunde oft anders als gedacht. Dass einige z. B. böse aufeinander losgehen, steht in keinem Buch. Führen Sie Ihr Kind nah an freundliche Hunde heran. So schließen Sie Ängste aus. Bei einer Ausstellung werden Sie auch Überzüchtung hautnah erleben:

- Überaus lange Ohren, die zu Entzündungen neigen.
- Viel zu viel Fell, unter dem der »Wollbär« leidet und das intensiv gebürstet werden muss.
- Ein sehr langer Rücken, prädestiniert für Bandscheibenprobleme.

Ein Hundebaby schließt man schnell in sein Herz. (Dalmatiner)

- Ein nach hinten abfallender Rücken, so-dass es leicht zu Hüftproblemen kommen kann.
- Eine kurze Nase, die es dem Hund unmöglich macht, normal zu fressen und ohne Schnarchen zu schlafen.

Mein besonderer Tipp

Kräftige, gesunde, leistungsfähige, wesens-feste Hunde findet man auf dem Hundesport-platz. Empfindliche, krankheitsanfällige, ängstliche Hunde können dort nicht mithal-ten. Fragen Sie Hundesportler, wo die Hunde gekauft wurden.

- Hängende Lefzen, mit denen der Hund ständig sabbert.
- Hängende oder eingerollte Augenlider, die operiert werden müssen, usw.

Rassen, bei denen Sie denken: »Armer Hund!«, meiden Sie bitte, damit verantwor-tungslose Züchter gebremst werden und zu-künftigem Hundeleid vorgebeugt wird. Durch Ihr »Nein!« zu so einem Hund vermeiden Sie viele Tränen und Tierarztkosten. Fragen Sie ggf. in einer Tierklinik nach rassetypischen Erkrankungen. Erkundigen Sie sich in einer Hundeschule, ob Ihre Wunschrasse für Nervo-sität, Ängstlichkeit, Aggression bekannt ist (schwer zu erziehen, ggf. Spezialtraining nötig). Rassebücher verschweigen so etwas gerne, da sie oft von Züchtern geschrieben wurden, die ein Loblied auf ihre Rasse singen. Sprechen Sie bei einer Hundeschau Züchter an und fragen Sie nach den Bedürfnissen ihrer Hunde, z. B. wie viel Auslauf sie brau-chen. Ein verantwortungsvoller Züchter, der nicht nur an seinen Welpen verdienen will, wird Ihnen gern sagen, ob die Rasse zu Ihrer Familie passt. Hüten Sie sich vor Züchtern, die ihre Welpen wahllos an jeden verkaufen würden.

Steht die Rasse fest, vergleichen Sie während der Ausstellung die Züchter: Wer geht liebe-voll mit den Hunden um – wer verwendet einen scharfen Leinenruck und böse Worte? Wer bürstet die Hunde mal eben, und alles ist okay – wer übertreibt es mit dem Styling (stundenlanges Kämmen, Haarspray, Puder, Toupieren)? Vielleicht finden Sie dort schon einen Züchter Ihres Vertrauens, zu dem Sie nicht allzu weit fahren müssen.

Rassegruppen
Übersicht über Wesensmerkmale, mit Beispielen

- **Hütehunde** brauchen viel Bewegung und geistige Auslastung. Sie lieben die Zusammenarbeit mit dem Menschen und tun Kleintieren, die mit im Haushalt leben, in der Regel nichts: PON, Tibet Terrier, Bearded Collie.

- **Herdenschutzhunde** sind sehr kräftig, bewachen und verteidigen Familie und Grundstück, brauchen unbedingt einen Garten: Kuvasz, Kangal, Pyrenäenberghund.

- **Terrier, Pinscher, Schnauzer und Dackel** gelten als pfiffig und lerneifrig, fordern viel Spaß und Bewegung, sind aber auch oft angriffslustig und dickköpfig, da sie für selbstständiges Arbeiten gezüchtet wurden. Sie brauchen eine feste, gütige Hand: Foxterrier, Dobermann, Riesenschnauzer.

- **Jagdhunde** haben mehr Jagdtrieb als andere Rassen und können nur bei bester Erziehung von der Leine gelassen werden: Terrier, Dackel, Deutsch Drahthaar, Retriever, Windhunde.

- **Schlittenhunde** brauchen viel Auslauf und müssen einen Garten zur Verfügung haben, weil sie sich draußen wohler fühlen. Diese Powerpakete haben enorme Kraft bzw. Ausdauer und teilweise starken Jagdtrieb, was Spaziergänge oft problematisch macht: Siberian Husky, Samojede, Malamute.

- **Gesellschafts- und Begleithunde** wurden gezüchtet, um Menschen zu gefallen. Sie sind vom Wesen her relativ unproblematisch: Pudel, Malteser, Havaneser.

Kleine Dickschädel. (Schafpudel)

Bringfreudiger Golden Retriever.

Kindertipp

Wenn zu erwarten ist, dass viele Kinder zu Besuch kommen, wählt man keine Rasse mit Schutztrieb. Der Hund könnte das »eigene« Kind bzw. Haus und Hof gegen die Spielkameraden verteidigen. Manchmal reicht es, dass jemand eine Hand auf den Arm eines Familienmitglieds legt, und der Hund meint, es handele sich um einen Angriff.

Besorgen Sie sich unbedingt ein **Buch**, das sich ausschließlich mit der Wunschrasse beschäftigt. Die zu erwartenden Wesensmerkmale sollte man ebenso kennen wie die Bedürfnisse des Hundes. Sie ergeben sich aus der Herkunftsgeschichte der Rasse und müssen erfüllt werden, damit der Hund ein glückliches Leben führen kann: Ein wasserliebender Retriever muss schwimmen dürfen, ein für die Arbeit im Fuchsbau gezüchteter Terrier möchte Buddelspiele machen usw. Erfüllt man die Bedürfnisse nicht, wird der Hund sich Ersatz suchen und Probleme machen.

Veranlagung

Unser erster Welpe war sehr lieb, begrüßte aber sein heimkommendes Herrchen oft mit einem Biss in die Ferse. Hätten wir als Anfänger nicht in einem Buch gelesen, dass ein Fersenbiss zum natürlichen Verhalten eines Hundes gehören kann (Jagd, Hütearbeit), wären wir an dem Verhalten verzweifelt und hätten den Welpen zurückgegeben.

Welche Rassen sind gut für Kinder?

Kinderfreundlich können alle Hunde sein, die verantwortungsbewusst großgezogen werden. Abstand nehmen sollten Eltern von Rassen, die bekannt sind für eine Neigung zu Nervosität, Ängstlichkeit, Aggressivität. Beißen kann jeder Hund und stellt deshalb eine mögliche Gefahr dar, vor allem wenn man ihn falsch behandelt bzw. seine Körpersprache nicht zu deuten weiß. Hunde sind nur so lange kinderlieb, wie Kinder lieb zu Hunden sind! Ein großer Hund ist wegen seiner Beißkraft gefährlicher als ein kleiner. Ein kleiner ist aber oft leichter reizbar und beißt eher zu. Einige »Kampfhund«-Rassen gelten als menschenfreundlich; doch wenn sie einmal beißen, lassen sie nicht so leicht wieder los. Der Hund muss zum Kind passen. Draufgänger-Kiddies werden mit einem Hunde-Sensibelchen wenig Freude haben. Umgekehrt sollte man einem feinfühligen Kind keinen streitlustigen Haudegen »antun«. Ein Kinderhund soll robust sein und muss einen Knuff vertragen können. Zierliche, zartgliedrige Hündchen sind nur etwas für rücksichtsvolle Kinder. Je nach Alter des Kindes sollte der Hund nicht zu groß werden, denn ein großer Hund kann im wahrsten Sinn des Wortes umwerfend sein. Steht die Rasse oder zumindest die voraussichtliche Größe des Hundes fest, fahren Sie mit der Trockenübung fort: Ein Pappkarton in entsprechender Größe ersetzt das Plüschtier und liegt überall herum. Sie werden erstaunt sein, wie viel Platz ein Hund braucht und wie oft Sie den Pappkarton umrunden oder wegschieben müssen.

Wie findet man einen gesunden, wesensfesten Hund?

Tierarztpraxen sind heute voller denn je. So viele »verhaltensgestörte« Hunde, die tierpsychologische Hilfe brauchen, wie heute gab es früher auch nicht. Doch daran ist nicht immer der Hund schuld, sondern oft falscher Umgang mit ihm (inkonsequente Erziehung, Allergien durch Industriefutter usw.). Das Angebot an Hunden ist groß. Einen Hund darf man nicht als vermeintliches Schnäppchen kaufen!

Hilfe für einen Tierheim-Welpen

Im Tierheim warten nicht nur erwachsene Hunde auf ein liebevolles Zuhause. Die Tierpfleger beraten gern bei der Auswahl eines

Junge Tierheimhunde brauchen viel Liebe und müssen schnell in eine fürsorgliche Familie.

Welpen; denn ihnen ist daran gelegen, dass er in eine geeignete Familie kommt und nicht wieder im Tierheim landet. Über die Herkunft der jungen Hunde ist manchmal wenig bekannt – und das ist ihr Schwachpunkt: Wurden sie in den ersten Wochen kaum auf Menschen geprägt, können Verhaltensstörungen die Folge sein. Oft war es auch mit der Gesundheitsvorsorge nicht weit her. Was Aussehen und endgültige Größe betrifft, bekommt man mit einem Mischlingswelpen meist ein Überraschungspaket in die Hand gedrückt. Ein erwachsener Hund lässt sich besser einschätzen.

Aus der Zeitung?

Welpen, die in der Zeitung angeboten werden, können von seriösen Züchtern stammen oder von einer Bauernhündin in einer Scheune geboren worden sein und vielleicht weder gutes

Bitte keine Mitleidskäufe

Jeder aus Mitleid gekaufte Hund macht Platz für neues Elend – Leid, das nur gestoppt werden kann, wenn niemand mehr solche Hunde kauft! Das Geld, das man hier zu sparen glaubt, trägt man später oft doppelt und dreifach zum Tierarzt und zum Hunde-Verhaltenstherapeuten. Viele dieser Hunde müssen jung von ihren Qualen erlöst werden.

Das sieht gut aus: sicherer Zaun, Sonnenlicht, Menschenkontakt und propere, zutrauliche Hunde.

Futter noch Gesundheitsvorsorge (Sonnenlicht, Entwurmung, Impfung) oder gute Prägung auf Menschen und Umwelt kennen. Alle Welpen sind süß, doch das darf Ihren Verstand nicht ausschalten! Wenn Sie in der

Gut zu wissen

Unseriöse Anbieter »basteln« eigene Ahnentafeln. Fragen Sie schon beim ersten Kontakt nach dem Stammbaum. Forschen Sie im Internet, ob es diese Namen wirklich gibt. Man kann auch Fotos der Ahnen finden und schauen, ob diese Hunde einem gefallen oder nicht – wichtig bei Rassen, in denen Überzüchtung vorkommt.

Zeitung lesen: »Noch zwei Irish-Wolfshound-Welpen günstig abzugeben«, dann fragen Sie sich: »Warum günstig – wird der Anbieter sie nicht los – warum? Und was ist überhaupt ein Irish Wolfshound?« Nicht vorschnell zugreifen, sondern genau informieren, z. B.: Wie groß wird er (Futterkosten!), wie ist das Wesen, was braucht er, wie hoch ist die Lebenserwartung?

Hundehändler und -vermehrer?

Profitgierige Anbieter inserieren ebenfalls in der Zeitung, meist nur mit Handynummer. **Hundehändler** findet man auch mit einem Kofferraum voller Welpen auf Autobahnrastplätzen, an Tankstellen, bei Supermärkten. Sie erzählen rührselige Storys, z. B. »vor der Tötung gerettete Hündchen« oder »ungewollter Nachwuchs, der sonst eingeschläfert wird«. In Wahrheit werden solche Welpen im In- und Ausland massenweise billig »produziert«, sogar aus Afrika importiert. **Hundevermehrer** sind Züchter, die Hunde wahllos verpaaren, große Zwingeranlagen haben oder mehr als zwei Rassen anbieten. Ihnen geht es mehr ums Geld als um die Hunde, sie können sich nicht um jeden Welpen individuell kümmern. Manchmal hat eine gepflegte Vorzeigehündin erstaunlicherweise das ganze Jahr Welpen. Finger weg auch von bequemen **Rasselisten** im Internet, wo jeder Hund besorgt wird! Kein seriöser Züchter gibt seine liebevoll großgezogenen Welpen so weg. Bei all diesen Hunden muss man mit Problemen und Kummer rechnen. Manche Welpen

Minuspunkte für Hunde-Verkäufer

- Er hat ständig Welpen, auch zweimal im Jahr von derselben Hündin.

- Er gibt sie so früh wie möglich ab, um Futterkosten zu sparen, manchmal mit sechs Wochen oder noch eher. Das schadet den Welpen sehr.

- Er verlangt einen weit geringeren Preis, als man für einen Hund aus kontrollierter Zucht bezahlt, manchmal nur $\frac{1}{3}$ (das spricht für Massenzucht, Billigimport).

- Er verschickt Welpen wie Fracht (ein traumatisches Erlebnis für die Kleinen).

- Er lässt den Anrufbeantworter laufen. Bei einem unangemeldeten Besuch ist niemand zu Hause. Vermutlich ist er berufstätig, die Welpen bekommen nicht genug Zuwendung.

- Er drängt zum Kauf, angeblich wartet schon ein anderer Interessent.

- Er besteht auf einem »Knebelvertrag« (der Verkäufer bleibt Mitbesitzer).

- Es ist ihm egal, ob der Hund in die Familie passt.

- Gegen Zwingerhaltung erhebt er keinen Einspruch.

- Das Umfeld ist nicht sauber, es stinkt nach Kot und Urin.

- Die Welpen werden mit wenig Menschenkontakt in einem Zwinger, Stall, Schuppen oder Keller aufgezogen und sehen in den ersten Lebenswochen die Sonne nicht (Knochenschäden).
Bei großen Grundstücken sollte man aufpassen, ob in einer abgelegenen Scheune Hunde gehalten werden und eine Hausaufzucht nur vorgetäuscht wird.

- Die Mutterhündin ist in einem erbärmlichen Zustand.

- Die Hündin lehnt die Welpen ab, säugt sie nicht (Vorzeigehündin, die nicht die Mutter ist).

- Die Welpen wirken schlecht ernährt oder haben allzu dicke Bäuche (Wurmbefall).

- Die erwachsenen Hunde wirken nicht fit oder sind krank,

- schleichen geduckt umher (Anzeichen für Prügel und harte Worte),

- sind aggressiv, ängstlich, schreckhaft, überaus sensibel, scheu (Test: einen Schlüsselbund fallen lassen – aber bitte nicht in der Nähe von Welpen).

Wichtig

Sehen Sie sich mehrere Züchter an, die Unterschiede können gewaltig sein! Sofern Sie Ihren Hund nicht bei einer VDH-Schau ausstellen wollen, sollte der individuelle Eindruck entscheiden und die Frage »VDH oder nicht?« nicht ausschlaggebend sein.

Vertrauenswürdige Züchter

Mundpropaganda ist die beste Empfehlung. Fragen Sie Menschen, die einen netten, problemlosen Hund Ihrer Wunschrasse haben (gesund, pflegeleicht, intelligent, weder ängstlich noch nervös oder aggressiv), woher der Hund kommt und ob der Züchter sympathisch und hilfsbereit ist. Lange Wege darf man nicht scheuen. Auf einen guten Hund muss man warten können.

Sehen Sie sich im Internet die Hunde mehrerer Züchter an und stellen Sie **Unterschiede** fest, z. B. übertrieben stark herausgezüchtete Rassemerkmale, die dem Hund das Leben schwer machen. Welpenbilder sehen immer niedlich aus, doch auf den erwachsenen Hund kommt es an! Interessant ist ein Vergleich der Geburtsgewichte, die manchmal online angegeben werden. Winzlinge werden später nicht die kräftigsten Hunde sein. Gute Hunde sehen schon in der Wurfkiste gut aus.

Einen gewissen **Mindeststandard**, z. B. dass Zuchthündinnen nicht ausgebeutet werden, bieten Züchter, die mit ihrer Mitgliedschaft im VDH (Verband für das Deutsche Hundewesen) werben. Die Regeln des VDH sind streng und können von Vereinen, die sich dem Verband gern anschließen möchten, manchmal erst nach langer Zeit erfüllt werden. Ein Gütesiegel ist das VDH-Zeichen dennoch nicht. Auch solche Züchter haben manchmal erschreckend wenig Fachwissen oder übertreiben es mit der Schönheitszucht, wobei Wesen und Gesundheit der Hunde oft »vergessen« werden. Mitglieder von Vereinen außerhalb des VDH legen manchmal mehr Wert auf

stammen von armselig gehaltenen Hündinnen, die in dunklen Verschlägen dahinvegetieren und als »Gebärmaschinen« ausgebeutet werden. Bei solchen erbarmungswürdigen »Würmchen« rechnen die Anbieter sogar damit, dass sie aus Mitleid gekauft werden. Sie werden aus Kostengründen schlecht versorgt, kaum auf Menschen geprägt und zu früh von der Mutter getrennt. Nur so kann Profit erzielt werden.

Eine glückliche Hundemama mit zufriedenen Welpen in einer vorbildlichen Wurfkiste.

Wesen und Gesundheit als auf »Schönheit«. In diesen Vereinen finden sich aber auch Züchter, die die Ansprüche des VDH nicht erfüllen oder ausgeschlossen wurden, z. B. weil die Welpen in einem schmutzigen Umfeld aufwachsen.

Der große Tag: Welpen ansehen

Nach einigem Vergleichen haben Sie einen Wurf junger Hunde gefunden, der Ihnen zusagt. Wenn Sie zum Züchter fahren, sollen die Kleinen mindestens vier Wochen alt sein. Ziehen Sie **hundetaugliche Kleidung** an, nicht Sonntagshose, Strickpullover, Halskette. Alte Kleidung ist praktisch, wenn man sich zu den Welpen setzt; denn der Auslauf wird nicht sauber sein, weil die Welpen noch nicht stubenrein sind. Wanderschuhe kommen beim Züchter besser an als modisches Schuhwerk. Erkältete Personen bleiben daheim (Infektionsgefahr für die Welpen).

Besonders bei Kindern ist die **Aufregung** groß. Endlich den kleinen Hund knuddeln und umhertragen! Machen Sie bitte Ihrem Nachwuchs vor der Autofahrt klar, dass das nicht geht. Junge Welpen sind empfindlich. Jedes Hochnehmen zieht ihnen den Boden unter den Pfoten weg und verunsichert sie. Ein fallen gelassener oder immer wieder eingefangener Welpe erleidet schnell ein Trauma. Hundebabys brauchen Ruhe, also bitte »Pssst!«. In der Hundekinderstube wird nicht gerannt, nicht an der Absperrung des Auslaufs gehüpft, nicht geschrien und schon gar nicht mit dem kleinen Bruder um einen Welpen

Ruhe und Freundlichkeit sind oberstes Gebot, wenn man zu den **Welpen** geht.

gezankt! Wer einen kinderfreundlichen Hund möchte, muss seine Kinder zu hundefreundlichem Verhalten anleiten.

Oft sorgen Züchter dafür, dass Besucher zuerst die **erwachsenen Hunde** begrüßen. Wie macht man das? Vor allem mit Ruhe. Halten Sie den Hunden eine Hand hin, lassen Sie sie schnuppern. Haben Sie Angst vor der munteren Bande? Da müssen Sie durch, der Züchter testet Sie gerade. Gehen Sie seitlich auf die Hunde zu oder hocken Sie sich hin. Das signalisiert Freundlichkeit. Streicheln Sie sie – aber nicht über den Kopf (das wäre eine Dominanzgeste), sondern am Hals oder Kinn. Ängstliche Kinder sollen ruhig stehen bleiben und an den Hunden vorbeisehen. Wegrennen oder gar Schreien ist keine Lösung, die Hunde würden dem Kind nachlaufen. Womöglich fällt es hin

Pluspunkte für einen Züchter

- Wohnung und Garten sehen ordentlich aus, müssen aber nicht pieksauber sein (der Züchter verwendet seine Zeit eher auf die Hunde).

- Die Welpen werden nicht verzärtelt. Bei zu viel Hygiene können sie ihr Immunsystem nicht trainieren. Besser eine Aufzucht im Stroh als unter einer Wärmelampe.

- Stets ist jemand zu Hause, der den »Baby-dienst« verrichtet.

- Die Kleinen wachsen in der Familie auf und werden liebevoll betreut.

- Für Welpen ab ca. vier Wochen gibt es im Garten einen Spielplatz, sodass die kleinen Racker Anregungen bekommen und Sonne tanken können – eine wichtige Gesundheitsvorsorge (Bildung von Vitamin D für starke Knochen).

- Die Welpen haben Kontakt zu Kindern, Katzen, Kaninchen usw.

- Der Züchter hat seine Hunde souverän unter Kontrolle, wird nie laut.

- Er beantwortet gern Ihre Fragen und erzählt Ihnen eine Menge über die Rasse. Er redet seine Hunde aber nicht schön (die Hunde sprechen für sich) und drängt nicht zum Kauf.

- Züchter, die das Allerbeste für ihre Welpen wollen, ziehen die Kleinen mit Rohfutter auf, »naturnah«.

Wenn Mädchen aus dem Puppenalter heraus sind, kümmern sie sich meist gern um kleine Lebewesen. Jungen haben eher andere Interessen. (Shar Pei)

und hat plötzlich einen »bösen« Hund über sich, der nun im schlimmsten Fall in dem Kind eine Beute sieht. Hat das Kind große Angst, dreht man sich ruhig um und geht langsam weg. Das war's dann. Nach solch einer Erfahrung ist das Thema »Hund« erst einmal vom Tisch. Doch so schlimm wird es hoffentlich nicht kommen. Sie haben ja im Vorfeld für Hundekontakt gesorgt und mit dem Kind geübt. Zeigen Sie dem Züchter Fotos von Ihrem Haus und Garten, damit er weiß, wohin er sein Hundekind gibt.

Nun geht es zu den **Welpen**. Schlurfen Sie dort, damit kein Pfötchen unter Ihre Schuhe kommt. Wer nie einen Hund hatte, weiß zunächst nicht, wie man so ein kleines Wesen anfasst und trägt. Legen Sie eine Hand unter den Po, die andere vor die Welpenbrust. Lassen Sie sich die Mutter der Welpen zeigen. Sie soll nicht abgemagert oder von den Kleinen zerrupft aussehen. Bleiben Sie, bis die Hündin die Welpen gesäugt hat. Dann sind es mit einiger Sicherheit ihre eigenen Kinder, und es handelt sich nicht um eine Vorzeigehündin. Eine gute Hundemama macht einen glücklichen Eindruck, wenn ihre Babys »andocken« und losschmatzen. Der Hundepapa lebt oft nicht beim Züchter, doch es gibt bestimmt ein Foto. Beiden Elterntieren wird der Nachwuchs später ähnlich sehen. Sind Sie sicher, dass Sie genau solch einen Hund wollen? Achten Sie auf Überzüchtung, z. B. viel zu üppiges Fell. Gibt es Hinweise auf Erbkrankheiten?

Wie **verhalten** sich die Hunde? Wenn auch nur ein einziger – auch von den Welpen – ängstlich, nervös oder aggressiv ist, geht man sofort. Besonders wichtig, wenn es ein Hund für

Kindertipp

Erklären Sie Ihrem Kind, dass man einen Hund nicht »an den Armen« hochziehen darf (das wäre sehr schmerzhaft) und dass man sich den Welpen nicht wie Püppi oder Teddy unter den Arm klemmt.

Kinder sein soll: Kann man die Hunde anfassen, ohne dass sie zurückweichen, knurren oder eine steife Körperhaltung einnehmen? Ängstliche Hundemütter haben ängstliche Welpen, aus erblichen Gründen und durch übertragenes Verhalten. Ängstliche Hunde sind schwer zu erziehen, mutige sind neugieriger und aufnahmebereiter.

Ein guter Züchter behält die Welpen **mindestens acht Wochen**. Erfahrungsgemäß sind Hunde robuster, wenn sie zehn Wochen bei ihren Geschwistern bleiben dürfen. Wenn Sie sehr viel Glück haben, kümmert sich ein liebevoller Vaterrüde um die jungen Hunde, erzieht sie schon ein wenig und entlastet die Mutter. Sagt man endlich ja zu einem Züchter, kommt die Frage nach dem **Kaufvertrag**: Manchmal ist ein Mitbesitzervertrag üblich, evtl. gegen Preisnachlass. Damit würde der Käufer sich auf Bedingungen einlassen, die er vielleicht nicht erfüllen möchte, z. B. Verpflichtung zu Ausstellungen, Einsatz als Deckrüde, Mutterschaft der Hündin (evtl. in Obhut des Züchters, d. h., er leiht sich die Hündin aus, sie wäre fernab ihrer Familie mit den ihr womöglich Angst machenden »anderen Umständen« allein).

Kindertipp

Sprechen Sie mit Ihrem Nachwuchs: »Ist es überhaupt richtig, einer Hundemama ihre Babys wegzunehmen? Sie ist traurig bei jedem Kind, das von ihr weggeholt wird. Wenn wir ein Hundebaby zu uns holen, übernehmen wir eine große Verantwortung: Wir adoptieren den Welpen für immer! Wir sind jetzt seine Familie, die er lieb haben wird. Wir müssen ihm das Leben so schön machen, wie es geht. Das sind wir ihm und seiner Mama schuldig.«

Glückliche Hundebabyzeit! Der Kleine wird seine Mutter vermissen und sie ihn.

Rassehunde sind teuer, Angebot und Nachfrage regeln den **Preis**. Gut aufgezogene Hunde sind ihren Preis wert. Der Züchter steckt viel Zeit, Geduld und Fachwissen in die Aufzucht – und nicht zuletzt auch in gutes Futter, Entwurmung, Impfungen. Welpen vom Züchter sind teurer als Hundebabys »ohne Papiere«. Je mehr Show-Pokale ein Züchter Ihnen zeigt, desto mehr Geld wird er verlangen – angeblich hat er hochwertige Hunde. Bedenken Sie, dass auf Ausstellungen die Schönheit beurteilt wird (die oft im Auge des Betrachters liegt), selten Wesen und Gesundheit. Liebevolle Züchter verzichten weitgehend auf den Ausstellungsstress, die wenigsten Hunde mögen ihn. Der teuerste Hund muss also nicht die beste Wahl sein, sondern zeigt vor allem, dass dem Züchter sein Ego wichtig ist und dass mit dem Welpenverkauf die Reisen zu vielen Ausstellungen finanziert werden.

Nicht mit Geld zu bezahlen ist es, in dem Züchter einen netten, kompetenten **Ansprechpartner** zu haben. Wählen Sie einen Züchter, bei dem Sie immer wieder herzlich willkommen sind, um Ihren Kleinen zu besuchen, und zu dem Sie sich eine langjährige Freundschaft vorstellen können.

Haben Sie Verständnis, wenn ein Züchter den Verkauf eines Welpen an Sie ablehnt, weil er glaubt, dass Sie für die Rasse nicht die geeigneten Adoptiveltern sind. Solche verantwortungsvollen Züchter sind rar, vielen geht es eher ums Geschäft. Freuen Sie sich über den guten Rat. Sehen Sie sich nach einer anderen Rasse um bzw. verzichten Sie zunächst auf einen Hund.

Welcher Welpe soll es sein?

Möchte die Familie **ein Hundemädchen oder einen Rüden**? Wichtig ist diese Frage,

- wenn bereits ein nicht kastrierter Hund im Haushalt lebt: Rüde zum Rüden, Hündin zur Hündin, damit man während der Läufigkeit keinen Stress bekommt. Es ist fast unmöglich, Hunde verschiedenen Geschlechts zu trennen, bzw. die Trennung kann nervenaufreibend werden (Jaulen, zerkratzte Türen).
- wenn Sie Sport mit dem Hund treiben wollen. Nehmen Sie lieber einen Rüden, um nicht während der Läufigkeit einer Hündin zu Hause bleiben zu müssen.

Hündinnen gelten als umgänglicher und sind meist für Anfänger besser geeignet. Die Rüden einer Zuchtstätte sind größer als die Hündinnen; aber Sie können bei einem anderen Züchter auch Hündinnen finden, die größer sind als die Rüden des zuvor besuchten Züchters. Hündinnen verlieren während der Läufigkeit, meist zweimal im Jahr, etwas Blut (ggf. Höschen anziehen). Man muss in der »gefährlichen« Zeit aufpassen, dass Nachbars Rüde nicht für ungewollten Welpensegen sorgt. Spritzen gegen Läufigkeit können schwere körperliche Schäden verursachen. Kastration, um sich die Haltung zu erleichtern, ist auch keine Lösung (mehr auf S. 80).

Bei der Auswahl sind Charakter und Gesundheit wichtiger als die Farbe. Bitte prüfen Sie, ob es sich gar um eine Qualzucht handelt, z. B. deformierte Köpfe. (King Charles Spaniel)

Wenn die Welpen einer Rasse unterschiedliche **Farben** haben, legen Sie sich bitte nicht vorab auf eine Farbe fest. Dadurch würden Sie Ihren Traumhund vorschnell ausgrenzen. Früher galt die Ansicht, dass man den Hund nehmen soll, der als Erster zu einem kommt. Möglich, dass er der Hund fürs Leben ist – vor allem aber ist er **der Ranghöchste**, der alles Neue untersuchen möchte. Er weiß genau, was er will, und wird am schwierigsten zu erziehen sein. Wenn man nicht in der Lage ist,

solch einen Hund konsequent zu erziehen, stellt er bald Haus und Garten auf den Kopf. Also den »Erstbesten« nur nehmen, wenn man dieser Herausforderung gewachsen ist. Ein guter Züchter kennt die unterschiedlichen **Charaktere** der Welpen. Das eine oder andere Hundebaby wird er Ihnen mehr ans Herz legen als das ebenso nette Geschwisterchen. Sie wissen ja: Es muss passen! Anfängern und Eltern mit kleinen Kindern wird ein Züchter eher zu einem ruhigen, schüchternen Hund raten. Familien mit größeren Kindern tut ein mutiges, robustes Kerlchen gut.

Wenn der Züchter es erlaubt, machen Sie folgenden **Test**: Legen Sie Ihren Wunschwelpen auf den Rücken, halten Sie ihn fest. Er soll ruhig bleiben, sich nicht aus Angst »in die Hose machen«. Er soll auch nicht die Lefzenwinkel nach vorn ziehen, schon gar nicht fest beißen, sonst handelt es sich vermutlich um einen schwer erziehbaren Hund mit Veranlagung zu Aggression. Wenn der Welpe losgelassen wird, soll er gleich wieder fröhlich spielen und nicht gestresst wirken.

Die schönste Auswahlmethode

»Bei uns suchen sich die Welpen ihre Besitzer aus!«, sagte die Züchterin unseres zweiten Hundes. Ungläubiges Staunen. Wir sollten uns zu den Kleinen auf den Boden setzen. Tatsächlich: Ein Welpe suchte mehr als die anderen unsere Nähe. Bald zogen sich die Geschwister zum Schlafen zurück, er aber blieb und schlief vertrauensvoll bei uns ein. So zeigte er deutlich, dass nur er für uns in Frage kam. »Dann wird es am schönsten«, lächelte die Züchterin.

Trauen Sie sich einen Draufgänger zu? Oder wäre ein Hund, der sich zurückhält, besser?

Eingeschlafen mit dem Duft der neuen Bezugsperson in der Nase. Nicht bei jedem Besuch wird der Welpe in derselben Topform sein.

Besuche beim neuen Familienmitglied

Bauen Sie zu Ihrem Welpen und zum Züchter Vertrauen auf. Je öfter Sie das Hundebaby besuchen, desto besser wird der Grundstein für eine Bindung gelegt. Ein guter Züchter fördert häufigen Kontakt. Der Welpe, der zu Ihnen gehören möchte, wird beim zweiten Besuch angehoppelt kommen und zeigen, wie sehr er sich freut.

Hunde nehmen ihre Welt vor allem über die Nase wahr. Deshalb hilft beim Vertrautmachen ein **Kleidungsstück** oder Handtuch, das man dem Welpen mitbringt. Es soll einen Tag lang von der Person, die sich am meisten um das Hundekind kümmern wird, getragen worden sein oder eine Nacht im Bett dieser Person gelegen haben, um den Geruch anzunehmen. Lassen Sie sich vom Züchter zeigen, wie der Hund **gebürstet** und gepflegt werden muss. Mit den erwachsenen Hunden der Zuchtstätte können Sie das üben. Nehmen Sie Kamm und Bürste in die Hand. Machen Sie Fotos oder filmen Sie, damit Sie später noch wissen, wie es geht.

Die Erstausstattung

Wenn ein Hundebaby sich ankündigt, muss man wie bei einem Menschenbaby für eine Erstausstattung sorgen. Manche Züchter geben einen Korb voll Sachen mit. Fragen Sie danach, damit Sie später nicht alles doppelt haben.

Wassernapf

Der Trinknapf braucht nicht groß zu sein, denn das Wasser wird oft schmutzig und muss ausgetauscht werden. Für große Hunde eignet sich (später) ein 5-l-Eimer, in dem Schmutz nach unten sinkt. Wasser muss immer bereitstehen und frisch sein, sonst rühren Hunde es oft nicht an. Wischen Sie den Napf häufig mit einem Tuch aus, damit sich am Boden keine glitschige Schicht bildet.

Futternapf

Die Größe des Napfes richtet sich nach der Größe des Hundes und nach der Art der Fütterung. Für Dosenfutter braucht man den größten Napf (wenig Energiegehalt), für Trockenfutter den kleinsten, Rohernährung liegt dazwischen. Anhaltspunkt: Für einen 10-kg-Hund, der zweimal täglich gefüttert wird, reicht ein Napf von 0,5 l Fassungsvermögen. Stellen Sie Futter- und Wassernapf vor dem Einzug des Hundebabys an einen Platz, wo weder verkleckertes Futter noch Wasserpfützen ein Problem sind.

Halsband

Fragen Sie den Züchter, welchen Umfang das Welpenhalsband haben muss. Der Hund soll immer ein Halsband tragen, vor allem wegen der Identifizierungsmarken (Steuermarke, Namens-/Adressmarke, Marke vom Haustierregister, Tollwutmarke). Ein Halsband ist auch nützlich, wenn man den übermütigen Kleinen stoppen muss – besser als ein Griff ins Fell, da entwischt er rasch. Tabu sind Stachel- und Kettenhalsbänder sowie Zughalsbänder ohne Stopp (»Würger«).

Aus dem Welpenhalsband ist der junge Hund schon bald herausgewachsen.

Untersuchungen zufolge kommt es leicht zu Schäden der Wirbelsäule, wenn ein Hund beim Spaziergang am Halsband geruckt wird. Verkrampfte Muskulatur, die durch Zerren am Halsband entsteht, kann Auslöser von Schmerz und Aggression sein. Kehlkopf, Schilddrüse, Luft- und Speiseröhre werden gedrückt. Als fürsorglicher Hundehalter kann man sich vornehmen, keinen Leinenruck anzuwenden; doch gerade ein Welpe wird immer mal losrennen und das Ende der Leine abrupt erreichen.

Führgeschirr

Bei einem Geschirr ist die Gesundheitsgefahr geringer als beim Halsband. Allerdings ist auch die Wahrscheinlichkeit größer, dass der Hund sich das Ziehen angewöhnt, weil er sich wie ein Schlittenhund ins Zeug legen kann. Hat er später gelernt, nicht an der Leine zu ziehen, ist es egal, ob er mit Halsband oder Geschirr geführt wird.
Für einen Welpen nimmt man ein Geschirr, das sich größer einstellen lässt, quasi mitwachsen kann. Ein endgültiges Geschirr bekommt er nach seinem ersten Geburtstag, wenn er sich körperlich kaum noch verändern wird. Das Geschirr muss gut gepolstert sein, richtig sitzen (2–3 Fingerbreit hinter dem Ellbogen, Schulter frei), darf nicht scheuern.

Leine

Nylonleinen sind waschbar, und man kann sie leicht in die Jackentasche stecken, wenn der

Das Geschirr soll nicht zu eng um die Brust liegen und den Hund nicht an der Schulter behindern.

Hund abgeleint wird. Sie reißen nicht so schnell wie Lederleinen. Eine kurze Leine sollte jeder Hund haben, wenn er in der Stadt spazieren geführt wird.
Eine **Ausziehleine** bis ca. 8 m Länge ist praktisch, wenn man durch Stadtgebiet laufen muss und Grünstreifen in Straßennähe abgeschnuppert werden können, bevor man zur Hundewiese kommt.

Gut zu wissen

Beim Führgeschirr kann es durch Scheuern des Verschlusses zu Fettgeschwülsten am Brustkorb kommen. Deshalb sollen die Verschlüsse keinen Kontakt mit dem Körper haben.

Auf großen Auslaufflächen gibt eine **Feldleine** von bis zu 20 m (Jagdbedarf) dem Hund etwas Freiheit und auch Sicherheit, solange er bei Freilauf noch wenig gehorcht bzw. wenn Freilauf im Park verboten ist.

Bürste, Kamm, Pflegeutensilien

Je nach Haarbeschaffenheit braucht der Hund eine Bürste und einen Kamm, ggf. weitere Hilfsmittel wie Entfilzungskamm oder Trimmmesser. Der Züchter gibt Auskunft und ver-

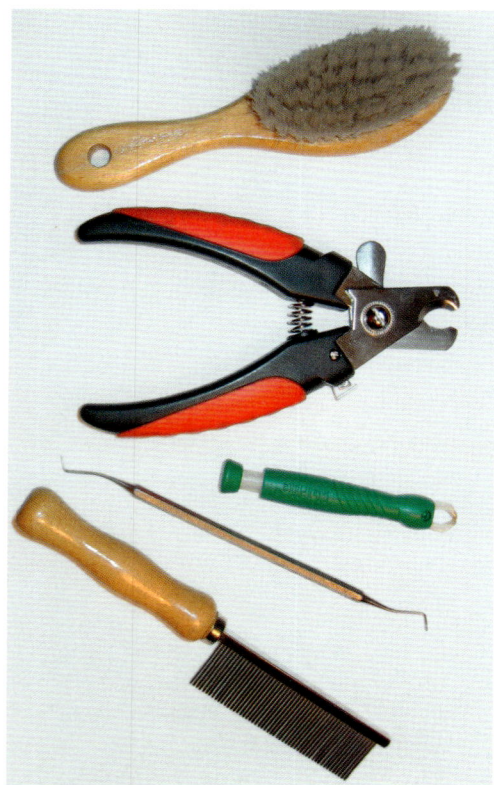

Von oben nach unten: Bürste, Krallenzange, Zeckenzange, Zahnsteinwerkzeug, Flohkamm.

kauft manchmal das Erforderliche. Man kann sich auch im Zoogeschäft beraten lassen. Verwenden Sie bitte keine Drahtbürsten und -striegel, sie schaden der Haut.

Für die Pflege braucht man:
- desinfizierendes Öl und Watte zur Reinigung der Ohren
- abgerundete Bastelschere, um Filz zwischen den Pfotenballen herauszuschneiden
- Krallenzange
- Zeckenzange oder Zeckenhaken
- Flohkamm (sinnlos, wenn der Hund derbes oder üppiges Fell bekommt)
- Taschenlampe, besser: Stirnlampe
- Haut-Desinfektionsspray (Apotheke).

Ruheplatz, Schlafplatz

Bewährt haben sich abwaschbare, weiche **Hundebetten** mit Rand, auf den Hunde gern ihren Kopf legen. Ein knabberfreudiger Welpe könnte das gute Stück allerdings zerlegen. Daher begnügt man sich anfangs mit einem Kopfkissen oder einem Liegekissen aus dem Zoogeschäft. Auch eine ausgemusterte Kindermatratze mit Wechselbezug (alte Bettlaken) oder eine Gartenstuhlauflage kann gute Dienste tun. Schlafplätze aus Korbgeflecht werden meist schnell zernagt. Für Langhaarhunde sollte man auch später keinen geflochtenen Korb anschaffen, ihr Fell bliebe darin hängen.

Der Platz für die Nacht soll sich im Schlafzimmer der Erwachsenen befinden, da der Welpe nachts mehrfach hinausmuss – und zwar schnell. Der Aufenthalt beim Ersatzelternpaar ist artgerechtes »Rudelliegen«. Mutter und Geschwister werden dem Hundebaby besonders in der ersten Nacht fehlen. Die Adoptivfamilie muss diese Leere füllen, der Welpe soll sich nicht verstoßen fühlen. Am besten trennt man eine Ecke neben dem Bett ab (z. B. mit Koffern oder einer Holzplatte) und dichtet das Bett unten ab, damit der Kleine nicht drunter durch entwischt. Auch ein Laufgitter ist praktisch. Die Schlafecke wird mit einer wasserdichten Tischdecke ausgelegt, damit kein »Malheur« den Teppich ruiniert. Ein Kuschelkissen kommt in diesen Bereich. Halten Sie ein Kissen mehr parat; denn Schlafunterlagen können leicht mal feucht werden, solange der Welpe nicht stubenrein ist bzw. nachts noch nicht durchhalten kann. Mit einer Inkontinenz-Betteinlage (für Menschen) kann man das Kissen vor Nässe schützen. Manche Hundehalter schwören für die erste Zeit auf eine verschließbare Box (Kennel, Softbox). Ein hoher Pappkarton tut es auch. Er wird zur Schlaf-

Wenn er mal ins Bett macht, ist das bei einem wasserdichten Hundebett nicht schlimm.

höhle, wenn man ihn halb mit einem Handtuch abdeckt. Darin meldet sich der Welpe, wenn ihn Blase oder Darm drücken; denn kein Hund beschmutzt gern seinen Schlafplatz.

Bedürfnis

»Wir wollen den Hund nicht im Schlafzimmer haben«, beschloss ein Ehepaar. Der Welpe bekam sein Bett im Flur nebenan. Mit unglaublicher Energie machte er sich in der ersten Nacht bemerkbar, jaulte, kratzte an der Tür, nagte aus Verzweiflung den Türstopper aus Gummi kaputt, kratzte die Teppichschlingen unter der Tür heraus. Bis drei Uhr hielt das Ehepaar durch, dann wurde der Hund ins Schlafzimmer geholt. Sofort schlief er ein. Der kleine Bursche hatte einfach die Nähe gebraucht.

Ein Polyesterfell führt Nässe (Urin, Wasser) nach unten ab, ist Hunden aber oft zu warm.

Mein besonderer Tipp

Lassen Sie sich von Hundeartikel-Versand-
häusern Kataloge schicken. Schauen Sie
schon einmal, was es alles gibt, bevor Sie
ins Zoogeschäft gehen. Es wird vieles angeboten, was kein Hund braucht, bzw. oft gibt
es einfache Alternativen.

Futter

Verständigen Sie sich mit dem Züchter darüber, welche Marke er füttert, damit Sie für
Ihren Kleinen das gewohnte Futter besorgen
können. Manche Züchter geben für die ersten
Tage ein wenig Futter mit. Wenn Sie etwas
anderes füttern möchten, muss die Umstel-

PVC-Spielzeug kann für Hunde sehr gefährlich
werden. Näheres auf Seite 129.

lung langsam erfolgen, damit es nicht zu
Magen-Darm-Problemen kommt. Beschäftigen Sie sich schon einmal mit naturnaher
Rohernährung (siehe S. 59). Besorgen Sie
sich Bücher darüber, und lesen Sie sie, bevor
der Welpe ins Haus kommt.

Spielzeug

Einen Vollgummiball können Sie schon
kaufen. Wählen Sie kein Spielzeug, das
schnell zerbissen und womöglich verschluckt
wird. Für Welpen eignen sich ungefährliche
Dinge aus dem Haushalt, z. B. Pappschachteln. Mehr dazu im Abschnitt »Komm spielen!«, S. 128.
Ein robustes Kuscheltier ohne Glasaugen
und abbeißbare Teile, das man dem Hundebaby beim Einschlafen »in den Arm« legt,
lieben viele Welpen wie Kinder ihren Teddy.
Oft wird es dann zum liebsten Spielzeug,
das der Hund ein ganzes Leben lang nicht
zerfetzt.

Kotsammel-Garnitur

Beim Spaziergang kann man Kot mit einem
Plastikbeutel aufnehmen. Im Garten ist es
umweltfreundlicher, eine Kohlen- oder Kinder-
schaufel zu benutzen. Ein Pfannenwender
hilft, die Hinterlassenschaften besser auf die
Schaufel zu bekommen. Ein Handfeger mit
sehr festen Borsten, die man auf wenige Zen-
timeter Länge kürzt, eignet sich für diesen
Zweck ebenfalls.

Haus und Garten welpensicher machen

Sichern Sie alles, was auch kleinen Kindern gefährlich werden kann, also was giftig, verschluckbar, scharfkantig, zerbrechlich ist, und alles, was das tapsige, ungestüme Kerlchen umwerfen oder zerbeißen könnte und was Ihnen lieb und teuer ist.

Haus und Garage

Schon bei der Trockenübung haben Sie darauf geachtet, dass Malstifte, Bonbonpapier und Büroklammern nicht herumliegen. Das gilt auch für Süßigkeiten, Kekse, Zigaretten (Aschenbecher!), Nägel, Nadeln, Wäscheklammern, Korken, Kronkorken, Streichhölzer, Mottenkugeln, Folien-, Styropor- und Schaumstoffstücke, Kinderspielzeug, Schuhcreme, Medikamente, Holzstücke (z. B. Türstopper) u. Ä. Sicher wegstellen müssen Sie Waschmittel, Spülmittel, Farben und andere Chemikalien. Nylonstrümpfe und kleine Wäschestücke können gefressen werden. Vorbeugen ist besser als operieren! Sichern Sie Strom- und Telefonkabel: unter dem Teppich verstecken oder mit Kabelschellen an der Wand befestigen. Kabel, die zu Lampen und Elektrogeräten führen, kann man mit einem »Marderbeißschutz« (Autozubehör) ummanteln, damit der Welpe keinen Stromschlag bekommt, falls Nageversuche nicht bemerkt werden. Kerzen sollte man nur anzünden, wenn sie unerreichbar hoch stehen. Feuer im offenen Kamin wird in der Welpenzeit nicht entfacht bzw. bleibt unter strengster Aufsicht. Giftige Zimmerpflanzen stellt man außer Reichweite. Eine Liste gibt es im Internet oder kann bei der Giftzentrale angefordert werden. Wertvolle Porzellanfiguren, Bodenvasen sowie Blumenkübel (Buddelversuche!) sollen nicht erreichbar sein. Ein wertvoller Teppich und antike Möbel werden für eine Weile ausgelagert, wenn es geht (Verunreinigung durch Kot/Urin, Knabberversuche). Der Küchenmülleimer kommt in den Schrank bzw. man schafft einen an, der fest verschlossen werden kann. Papierkörbe stehen in der ersten Zeit erhöht oder werden mit einer Holzplatte so fest abgedeckt, dass der kleine Forscher keinen Erfolg hat. Stofftiere der Kinder sind für den Hund gefährlich und darum tabu. Haustieren soll so wenig Putzmittelchemie wie möglich

Efeu ist giftig. Und sehen die Zierkürbisse nicht aus wie Bälle zum Spielen?

Wichtig

Bevor der Welpe da ist, übt die ganze Familie, dass die Haustür immer geschlossen sein muss, am besten abgeschlossen (schon halbwüchsige Hunde können auf die Türklinke springen). Zimmertüren, die zum Flur an der Haustür führen, müssen geschlossen sein, bevor man ohne Hund das Haus verlässt. Diese Sicherheitsschleuse verhindert das Entwischen des Vierbeiners. Fenster werden nicht mehr weit geöffnet, Hunde springen durch vorgezogene Gardinen ins Freie.

zugemutet werden, um gesundheitliche Reaktionen zu vermeiden (Allergie!). Mit Mikrofasertüchern kann man auf Putzmittel fast völlig verzichten. Für die Fliesen-, Teppich- und Möbelpflege tut ein Dampfreiniger gute

Kann man das essen? Oder ausbuddeln? Dackel können unglaubliche Gänge in den Garten graben.

Dienste. Hartnäckige Urinflecken entfernt man mit Rasierschaum.
Herrchens Werkraum ist ebenfalls tabu. Das Betreten der Garage soll dem Hund von Anfang an verboten werden. Dort könnte er auf Frostschutzmittel (schmeckt süß), Rattengift usw. stoßen.

Gefahrenzone Garten

Ihr Hund wird sich freuen, wenn er sich später unbeaufsichtigt im Garten aufhalten darf. Man kann nicht ständig draußen in seiner Nähe bleiben und aufpassen. Deshalb muss auch hier Vorsorge getroffen werden. Entfernen Sie alle giftigen Pflanzen. Von Buchsbaum bis Tulpenzwiebel gibt es allerlei, was der Welpe nicht ins Mäulchen nehmen soll. Verlassen Sie sich nicht darauf, dass Ihr Hund genügend Instinkt hat, Giftiges zu meiden. Manches Mal haben unsere modernen Hunde diesen Instinkt nicht mehr. Auch Regenwasser aus Tonnen sollte für Hunde nicht erreichbar sein, es kann zu Gesundheitsproblemen wie Haarausfall führen. Pflanzenschutzmittel sind in einem Hundegarten verboten. Sehr gefährlich können Schneckenkorn und Rattengift werden. Gedüngt wird nur mit Kompost. Andere organische Dünger wie Hornspäne und Guano werden von Hunden manchmal gefressen. Richtig Arbeit machen und die Haushaltskasse belasten wird ein ausbruchsicherer **Gartenzaun**. Die dichteste Hecke reicht nicht! Die Kosten für einen Zaun darf man nicht scheuen. Die Verlockungen außerhalb des Gartens können groß sein, z. B. Hunde in der

Nachbarschaft, vor allem anderen Geschlechts. Ein Hund, der wegläuft, wird schnell zum Verkehrsopfer! Hündinnen schützt ein Gartenzaun vor aufdringlichen Verehrern. Das Bauamt nennt Ihnen die zulässige Höhe des Zauns. Für springfreudige Hunde bzw. für Vierbeiner, denen auf dem Hundeplatz das Springen beigebracht wird, reicht die zulässige Höhe manchmal nicht aus. Ein vielleicht überwindbarer Zaun ist aber immer noch besser als gar kein Zaun. Kleine Hunde können oft höher springen, als man es ihnen zutraut; z. B. kann ein Terrier von 40 cm Schulterhöhe einen 1 m hohen Zaun überwinden. Leider kommt es vor, dass Tierfänger Haustiere aus niedrig eingezäunten Gärten stehlen (Versuchslabor!); also auch für kleine Hunde so hoch wie möglich einzäunen! Sorgen Sie für einen buddelsicheren Abschluss durch Gehwegplatten, die in den Boden eingelassen werden, oder – preiswerter – durch unten an den Zaun angesetzten Kaninchendraht, der in Richtung des Gartens eingegraben wird, sodass der Hund beim Buddeln auf dem Drahtgeflecht gestoppt wird. In einem großen Garten kann man einen Teil für den Hund einzäunen, am besten außerhalb des Zugangs zur Haustür und nicht direkt an einem Fußweg (so kann niemand den Hund ärgern oder ihm etwas Falsches zustecken), aber mit Zugang zu einer Hundeklappe in der Hintertür.

Die **Gartenpforte** wird jedes Mal abgeschlossen oder mit einem vorgeschobenen Riegel gesichert. Auch hier würde ein Sprung auf die Klinke die große Freiheit – und Gefahr – bedeuten. Die Pforte soll nicht niedriger sein als

Wo der Kopf durchpasst, passt oft der ganze Hund durch. Die Verlockungen sind groß.

der übrige Zaun. Erhöhungen am Zaun (Komposthaufen, Gartenbank, Hochbeet, Hundehütte, aufgeschütteter Schnee) können Ausbruchversuche erleichtern.

Wenn die Liebste ruft

Ein Retriever hatte einen Garten zur Verfügung, der von einem 2 m hohen Zaun umgeben war, auf einem Steinsockel montiert. Trotzdem entkam er, wenn Nachbars Hündin läufig war. Er schob sich mit dem Körper am Zaun entlang bis zu einer Stelle, an der der Zaun zwischen den Pfosten etwas nachgab, drückte den Zaun mit dem Kopf hoch und schlüpfte zwischen Zaun und Fundament durch.

Das Hundebaby zieht ein

In der ersten Zeit mit dem Hündchen kommt es auf das »Gewusst wie«

an, um sich das Leben mit dem Welpen so angenehm wie möglich

zu machen und Anfängerfehler zu vermeiden. Jetzt wird der Grundstein

für das ganze Hundeleben gelegt.

Wir holen unser Hundekind nach Hause

Wenn der Welpe acht bis zehn Wochen alt ist, kommt der Tag, an dem er Ihnen gehören soll. Ein verantwortungsbewusster Züchter lässt sich nicht darauf ein, Ihnen den Kleinen zu schicken. Sie müssen ihn abholen. Vor der Fahrt zum Züchter sehen Sie sich noch einmal in allen Zimmern Ihrer Wohnung um, ob nichts herumliegt, was der Welpe fressen könnte. Bevor Sie Ihren kleinen Schatz in Empfang nehmen, wird das Vertragliche geregelt.

Ahnentafel, Impfpass, Chipnummer

Von einem Züchter, der einem Verein angeschlossen ist, bekommt man eine Ahnentafel. Auch den Impfpass gibt der Züchter mit. Der

Die Hundemama hat ihren Kleinen schon viel beigebracht. Jetzt sind Sie an der Reihe. (Leonberger)

Chip unter der Haut des Hundes ist sein Personalausweis. Unterlagen über die Chipnummer und ein Anmeldeformular eines Haustierregisters sollten Sie ebenfalls erhalten.

Kaufvertrag, Gewährleistung

Ein Kaufvertrag ist üblich. Zumindest eine Quittung ist wichtig für den Fall, dass Sie bei dem kleinen Hund einen gesundheitlichen Mangel feststellen. Einen Welpen schließt man zwar schon am ersten Tag ins Herz und wird kaum auf die Idee kommen, einen kranken Hund wieder zurückzugeben; aber es ist gut zu wissen, dass Sie ab Kaufdatum zwei Jahre die »Tiermängelgewährleistung« in Anspruch nehmen können. Ein Züchter muss z. B. die Operationskosten für einen Nabelbruch zahlen. Falls schnelle tierärztliche Behandlung nötig ist, erhält man Schadenersatz. Ist eine »Mangelbeseitigung« nicht möglich, z. B. bei einem Erbfehler, hat der Käufer das Recht, vom Kauf zurückzutreten oder einen Preisnachlass zu verlangen. Achten Sie auf das Kleingedruckte: Wenn Sie zuvor darauf hingewiesen haben, dass Sie keinen Mitbesitzervertrag möchten (siehe S. 31), sollten Sie so etwas jetzt nicht unterschreiben. Positiv zu bewerten ist ein Rückkaufsrecht. So behält der Züchter die Kontrolle darüber, dass der Hund in geeignete Hände kommt, falls er nicht in der Familie bleiben kann.

Die Heimreise

Schließlich drückt Ihnen der Züchter das schlappohrige Fellbündel in den Arm und verabschiedet sich von seinem Schützling. Versprechen Sie ihm nun ehrlichen Herzens, dass Sie in Kontakt bleiben. Züchter empfehlen, Kinder zum Abholen des Welpen nicht mitzunehmen, damit der kleine Hund nicht überfordert wird. Den Kindern wird das natürlich überhaupt nicht gefallen. Also erinnern Sie Ihre Kinder bitte im Auto daran, dass der Welpe Ruhe braucht und nicht von einem zum anderen gereicht werden möchte. Die Fahrt ist schon Stress genug für den kleinen Hund. Am besten aufgehoben ist er auf dem Schoß eines Erwachsenen auf dem Rücksitz. Mit Körperkontakt und liebevollem Streicheln wird er bald einschlafen. Möchte er nicht auf dem Schoß bleiben, darf er auf den Rücksitz, den man zuvor mit einer wasserundurchlässigen Unterlage versehen hat (Kunststofftischdecke). Halsband und Leine haben Sie dabei, um den Welpen am Herumspringen zu hindern.

Haben Sie keinen Beifahrer, gehört der Welpe in eine Box, aus der er nicht herauskrabbeln kann und die im Auto gesichert sein muss (mit Gurt oder Trenngitter), damit sie bei scharfem Bremsen oder gar einem Unfall nicht herumfliegt. Ein »Kennel« kann zu einer sicheren Höhle werden, in der der Hund auch später gern schlafen wird, solange man ihn nicht einsperrt.

Ein umsichtiger Züchter füttert den Kleinen 2 Stunden vor der Autofahrt nicht mehr, damit ihm nicht übel wird. Eine Rolle Küchenpapier

Ein liebevoller Züchter empfindet bei der Übergabe jedes Welpen Abschiedsschmerz.

ist nützlich, falls der Welpe sich trotzdem übergeben muss oder dem Druck seiner Blase nicht standhält. Bei einer längeren Fahrt ist spätestens nach zwei Stunden eine Pause nötig, damit der kleine Hund »Geschäftliches« erledigen kann – natürlich an der Leine. Lange herumschnuppern darf er draußen nicht, denn sein Impfschutz ist noch nicht vollständig.

Wichtig

Genieren Sie sich nicht, bei einem kleinen Rüden zu prüfen, ob beide Hoden da sind. Fehlende Hoden können bis etwa zum sechsten Lebensmonat noch absteigen. Geschieht das nicht, wird eine Operation notwendig, damit es nicht zu Hodenkrebs kommt.

Eingewöhnen: immer mit der Ruhe

Vorsichtig erkundet der Welpe die neue Umgebung. Bedrängen Sie ihn nicht, fangen Sie ihn nicht ständig ein. Er soll lieber von sich aus kommen. Gönnen Sie ihm viel Ruhe und Schlaf.

Der erste Tag im neuen Heim

Nach dem Gang zur Toilette (Garten, Grünstreifen in der Nähe des Hauses) darf der Kleine die Wohnung erkunden. Versperren Sie ihm den Weg, ehe er die **Treppe** erklimmt.

Nun ist der kleine Hund in Ihr Leben getapst. Nicht immer wird alles glattgehen. (Jack Russell)

Treppensteigen kann in den ersten Monaten schädlich für die Entwicklung des Bewegungsapparats sein. Bei jedem Schritt muss man nun aufpassen. Welpenpfoten sind leise. Oft merkt man nicht, dass der Kleine einem **nachläuft** und plötzlich vor einem steht. Macht man hastige Bewegungen, wird das Hündchen schnell übersehen – schon quietscht der Welpe, weil man ihn getreten hat. Vorsicht, die zarten Knochen zerbrechen schnell! Am besten schlurft man durch die Wohnung. Manchmal wird man auf ein Spielzeug treten, das dann auch quietscht und dem Zweibeiner einen Schreck einjagt. Willkommen in der Welt der Hunde! Schärfen Sie noch einmal allen Familienmitgliedern ein, dass die **Türen**, die nach draußen führen, stets geschlossen sein müssen, möglichst abgeschlossen. Schnell käme der Kleine im Straßenverkehr um oder würde von jemandem mitgenommen, der ihn genauso süß findet wie Sie. Denken Sie an die Sicherheitsschleuse: Die Haustür wird niemals (!) geöffnet, solange der Hund die Möglichkeit hat, in den Flur zu laufen. Erst werden die Türen zu allen Zimmern geschlossen, der Flur ist hundefreie Zone, dann erst öffnet man die Haustür.

Bieten Sie dem Welpen etwas von dem gewohnten **Futter** an, zeigen Sie ihm den Wassernapf. Tragen Sie ihn nach dem Trinken noch einmal in den Garten (er wird sich erleichtern müssen), setzen Sie ihn dann auf seinen Ruheplatz. Vielleicht schläft er gleich ein. Vielleicht aber dreht der kleine Wicht auch nach dem Essen voll auf und bekommt seine »drolligen fünf Minuten«. Er hat dann Energie getankt und will sich übermütig austoben. Stopp!!! Magendrehung droht! Warten Sie mit dem **Spielen**, bis der Magen leer ist, mindestens

● 2 Std. bei Nassfutter
● 3 Std. bei Trockenfutter
● ½ Std., wenn der Hund viel getrunken hat.

Das tapsige Kerlchen wird bald herzallerliebst und unbeschwert **herumtollen**. Werfen Sie nun alle Hemmungen über Bord, spielen Sie ebenso unbeschwert. Legen Sie sich zu Ihrem Schätzchen auf den Boden, lassen Sie den Kleinen auf sich herumkrabbeln. Wenn er Sie ableckt, freuen Sie sich über den Liebesbeweis. Falls Sie keine Hundezunge im Gesicht mögen, bieten Sie dem Hündchen Ihre Hand an. Lassen Sie das Hundebaby an sich herumknabbern, doch nicht zu fest; da reagieren Sie sofort mit einem schrillen »Au!« – später wird daraus »Aus!« (loslassen). Schon sind Sie mittendrin im ersten Hundetraining: Beißhemmung üben. Locken Sie den Welpen mit einem alten Handtuch, das über den Boden huscht – aber Vorsicht: Wenn er das Handtuch packt, sofort loslassen. Zerrspiele in diesem Alter können die Zahnstellung beeinträchtigen. Bald wird der Kleine müde. Er fällt vielleicht einfach um und schläft ein. Tragen Sie ihn auf seinen **Ruheplatz**, den Sie ihm mit einem Leckerchen schmackhaft machen. Wo der Hund in der Wohnung liegt, das sucht er sich gern selbst aus. Oft ist das nicht der erwünschte Platz. Lässt sich der Ruheplatz an der vom Hund gewünschten Stelle einrichten,

Ein Kennel soll eine Höhle sein, kein Aufbewahrungsort. Lassen Sie dem Welpen die Wahl.

tun Sie es. Gern liegen Hunde an einer Tür, wo sie das Kommen und Gehen beobachten können, oder auf einem Sessel – zum Leidwesen aller Hundetrainer alter Schule, die meinen, der Hund wolle sich dadurch als Chef aufspielen. In Wahrheit möchte er meist nur alles im Blick haben. Das ist okay, solange er den Platz räumt, wenn Sie ihn darum bitten.

Sehr wichtig:

Mit vollem Magen wird nicht gespielt und keine Treppe genommen! Der Magen kann sich verdrehen. Dann würgt der Hund vergebens, die Flanken blähen sich – Notfall, sofort zum Tierarzt, jede Sekunde zählt!

Gut zu wissen

Je näher ein Hund beim »Chef« schlafen darf, desto höher ist sein Status. Darf er sich an sein Frauchen schmiegen, braucht Herrchen sich nicht zu wundern, wenn er im Ehebett angeknurrt und tagsüber wenig respektiert wird.

Lassen Sie den Welpen nun schlummern. Er braucht viel Schlaf. Ein Hundekind, das nicht genug Ruhe bekommt, wird nervös. Ruhephasen machen Hunde ausgeglichen. Kinder müssen wissen, dass sie sich niemals an einen schlafenden Hund anschleichen dürfen; er könnte erschrecken und schnappen. Irgendwann möchte die Familie etwas essen. Der Hund gehört dann auf seinen Ruheplatz, damit er sich nicht das Betteln bei Tisch an-

Selbst gebaute Zimmerhütte für zwei Hunde. So bleibt das Bett der Zweibeiner hundefrei.

gewöhnt. Anfangs bleibt jemand bei ihm und hält ihn dort mit liebevoll beruhigendem Streicheln fest. Beginnen Sie jetzt schon, die Anweisung »Bleib!« zu üben.

Ein erfüllter Wunsch

Mein junger Hund machte es sich lieber in der Plastikwanne auf der Bügelwäsche gemütlich, als sich in sein Körbchen zu legen. In der Wanne fühlte er sich wohl, dort konnte er sich einkuscheln. Ich bot dem Kleinen eine eigene Wanne mit Kuschelkissen an. Er liebt diese Wanne noch nach Jahren.

Die ersten Nächte

In der Nacht soll der Welpe im Elternschlafzimmer sein (siehe S. 38). Er muss in den ersten Wochen nachts mehrere Male hinaus. Stellen Sie zwei Stunden vor dem Schlafengehen den Trinknapf hoch. Anfangs wird Ihr Hundebaby vielleicht alle zwei Stunden fiepen und dringende »Geschäfte« machen müssen. Schimpfen Sie nicht. Freuen Sie sich, wenn der Kleine Bescheid sagt. Vorsorglich haben Sie Kleidung bereitgelegt, die Sie schnell überziehen können – und dann nichts wie raus! Tragen Sie den Welpen, sonst passiert unterwegs etwas. Bevor Sie wieder zu Bett gehen, prüfen Sie, ob das Hundebett trocken ist. Bald werden die Abstände größer werden. Manche Welpen schlafen schon in der 2. Woche bis 6 Uhr durch. Darf ein Hund im Bett schlafen? Ja, natürlich – im Welpenalter wäre das nur nicht zweckmäßig, wer möchte schon in einem nassen

Bett aufwachen! Viele Hunde schlafen zu Füßen ihrer Menschen oder kuscheln sich Rücken an Rücken, die Menschen geben es allerdings selten zu. Zweibeiner können das genauso genießen wie Vierbeiner. Morgens krabbelt einem die »Wärmflasche auf vier Pfoten« auf den Bauch, und man wird freundlich mit einem Hundebussi geweckt – für liebende Hundehalter die schönste Art, den Tag zu beginnen.

Die nächsten Tage

Sinnvollerweise übernimmt die Menschenmama die Rolle der Hundemutter. Die Frau des Hauses hat gewöhnlich die meiste Arbeit mit einem Hund. Sie ist darum die Hauptbezugsperson für den Welpen. An ihr wird er sich orientieren – sofern Herrchen nicht mit dunkler Stimme und Konsequenz eine respektablere Leitfigur abgibt.
Ein junger Hund stellt das Leben tüchtig auf den Kopf, bringt den gesamten Alltag durcheinander. Man muss ihn **immer im Auge behalten**, damit er nicht die Tapete anknabbert oder sich am Mülleimer vergreift usw. Stellen Sie sich den Schreck vor, als ein Welpe mit rotem Schnäuzchen vor seinem Frauchen stand und blutverschmiert aussah; er hatte im Mülleimer eine Raviolidose gefunden und sie ausgeleckt. Machen Sie sich auf so etwas gefasst. Jetzt sollten Sie alle Hundebücher studiert haben, denn von nun an bleibt zum Lesen keine Zeit mehr. Sie werden sich wundern, was für Ideen so ein kleines Hundehirn ausbrüten kann.

Papier hat eine große Anziehungskraft. Wertvolle Bücher gehören außer Reichweite.

Welpenspaß
Eine frischgebackene Welpenhalterin schrieb: »Der Züchter hat mir einen Fischotter oder Waschbären untergejubelt. Er rudert in seiner Wasserschüssel mit den Vorderpfoten, bis der ganze Boden nass ist, legt sich dann mit Wonne in diese Pfütze und ist ganz glücklich dabei! Kein Bach, keine Pfütze ist sicher vor ihm – am liebsten mit dünner Eisschicht, das kracht so wunderbar, wenn man sich reinschmeißt!«

Kinder würden »den Welpi« am liebsten ständig herumtragen. Das kann dem Kleinen schnell **lästig** werden, sodass er nicht mehr kommt, wenn man ihn ruft. Er möchte die Welt auf eigenen Pfötchen erkunden. Eltern müssen auf die Körpersprache des Hundebabys achten. Der kleine Hund zeigt deutlich, wenn ihm das Festhalten (Knuddeln, Klam-

Mein besonderer Tipp

Sehr entspannend für den Hund ist TellingtonTouch: Man verschiebt dabei die Hunde-
haut mit den Fingerspitzen oder mit der flachen Hand in 1¼ Kreisen (stellen Sie sich
eine Uhr vor: von halb rundum bis halb und
weiter bis Viertel vor). »Das nimmt die Angst
aus den Zellen«, erklärte mir Linda Tellington-Jones den therapeutischen Effekt – und
der geht weit über Beruhigung hinaus. Schon
drei Minuten TTouch täglich können viel zum
Wohlbefinden des Hundes beitragen.

mern, Festkrallen, Umarmen/Drücken um
Bauch und Schulter herum) oder ein necki-
sches In-die-Ohren-Pusten unangenehm ist:
Er wird den Kopf abwenden, gähnen, zap-
peln – und schließlich schnappen. Manch ein
unverstandener Hund wurde weggegeben,
weil er sich wehrte und »plötzlich« biss.
Kinder würden den kleinen Hund auch am
liebsten immer wieder mit Leckerlis verwöhnen. Das geht nicht, sonst lässt er sein Futter
stehen bzw. wird zu dick.
Kleine Hunde wünschen sich Geborgenheit
und **Körperkontakt**. Nähe, ruhiges Streicheln
(kein nervöses Kraulen!) und Kuscheln fördern Bindung und Vertrauen.

Liebe pur, das genießt der Welpe. Körperkontakt wie beim TellingtonTouch oder beim Abtasten des
Hundes (Zeckensuche usw.) geschieht am besten ganz entspannt.

Beschäftigen Sie sich so viel wie möglich mit dem Hundebaby, aber geben Sie acht, dass Ihr Kind nicht zu kurz kommt. Sollten Sie Ansätze zu **Eifersucht** bemerken, geben Sie Ihrem Kind immer dann besonders viel Zuwendung, wenn der Hund in der Nähe ist. So merkt das Kind: »Der Hund bedeutet etwas Gutes für mich.« Auf dieselbe Weise geht man vor, wenn bereits ein Hund da ist, der sich durch den Welpen zurückgesetzt fühlen könnte.

Versuchen Sie, die Welt **mit den Augen des Hundes** zu sehen. Machen Sie sich bewusst, dass der Mensch für den vierbeinigen Winzling ein Riese ist. Fühlen Sie sich in seine Bedürfnisse ein. Er hat Ihnen viel zu geben, von Herz zu Herz. Sehen Sie schon in dem übermütigen Hündchen ein wertvolles Lebewesen, eine empfindsame Seele, die Ihre Wertschätzung verdient.

Spaziergänge machen Sie mit dem Welpen jetzt noch nicht. Erst wenn der Impfschutz vollständig aufgebaut ist (siehe S. 74), darf der Kleine auf eigenen Pfoten die Welt erkunden. Bis dahin wird er getragen oder gefahren.

Genießen Sie ein paar Tage allein mit dem kleinen Schatz. Laden Sie noch niemanden ein, um das neue Familienmitglied bewundern zu lassen. Der Welpe soll lernen, wer zu seiner Gruppe gehört, und braucht noch Ruhe. Nach einer Woche dürfen zunächst Oma und Opa zu **Besuch** kommen, dann vielleicht die netten Nachbarn. Erst danach sind die Freunde der Kinder dran, sie bedeuten für den Welpen den größten Stress. Wenn fremde Kinder kommen, sollen sie vor verschlossener

Kind und Hund schließen oft rasch eine innige Freundschaft.

Tür stehen, auch am Gartentor. Kinder wissen zu wenig darüber, wie wichtig es ist, einen Hund vor dem Weglaufen zu schützen, und lassen gar zu leicht einmal eine Tür offen. Außerdem ist nicht jedes Kind dem Hund sympathisch (auf Knurren achten!). Auch weiß man nie, wie fremde Kinder auf den Hund reagieren, z. B. mit hysterischem Trampeln und Schreien oder gar mit abwehrenden Schlägen oder Tritten. Dies trifft leider auch auf Erwachsene zu, schon ein harmloser Welpe wird manchmal mit dem Fuß abgewehrt. Das Wohl des Hundes muss immer an

Gut zu wissen

Die Haftpflichtversicherung zahlt bei Leichtsinn nicht, z. B. wenn ein überfordertes Kind den Hund ausführt und es zu einem Hundekampf oder Verkehrsunfall kommt. Der Hund muss immer im Einflussbereich des Halters sein. Dazu gehört auch, dass er angeleint ist, sofern er nicht bestens gehorcht.

erster Stelle stehen. Wer Hunde mag, versteht das. Wer keine Hunde mag, sollte nicht zu den Freunden zählen, die man einlädt. Auch rücksichtslose Raucher sind nicht willkommen. Der Hund »raucht mit«, ebenso wie Kinder.

Bald wird der kleine Hund lernen müssen, sich auch einmal zurückzunehmen.

Wenn Sie nach Hause kommen (natürlich bleibt in der ersten Zeit immer jemand beim Welpen!), werden Sie nun die stürmische **Begrüßung** erleben, die Hundehalter so lieben: Ihr Hund freut sich, als wären Sie lange fort gewesen. Freuen Sie sich ebenso! Zeigen Sie ihm, dass Sie überglücklich sind, wieder bei ihm zu sein: »Ja, hallo, mein Kleiner! Hallo, hallo, mein Schatz! Ja, du bist doch der Allerbeste!« Da wackelt freudig das Schwänzchen. Knuddeln Sie den Welpen tüchtig!

Das Nächste, was nun dringend auf Sie zukommt, ist eine sorgfältige Erziehung zur **Stubenreinheit**, siehe S. 105.

Ein paar **Formalitäten** sind noch zu erledigen. Kümmern Sie sich um:

- eine Namens-/Adressplakette – für den Fall, dass der Hund wegläuft. Das ist am Anfang leichter passiert, als man meint. Haltbare Aluminiumplaketten gibt es beim Schilderdienst im Baumarkt, im Eisenwarenhandel oder aber im Schreibwarengeschäft.
- eine Hunde-Haftpflichtversicherung. Sie kann Sie vor einem finanziellen Ruin bewahren, falls Ihr Hund einmal einen großen Schaden anrichtet.
- die Anmeldung zur Hundesteuer bei der Gemeindekasse. Mit dem Hundesteuerbescheid erhalten Sie von Ihrer Gemeinde meist die »Verordnung über das Führen und Halten von Hunden«. Lesen Sie sie, und halten Sie sich daran.
- Melden Sie Ihren Hund bei einem Haustierregister an, falls das noch nicht beim Züchter geschehen ist.

Ernährung: nur das Beste für den kleinen Schatz

Der Züchter nennt die Futtermarke, an die der junge Hund gewöhnt ist. Falls man die Marke in der Nähe des Wohnortes oder im Versandhandel nicht bekommt, darf dem Welpen nicht plötzlich ein anderes Futter gegeben werden. Das kann zu Verdauungsstörungen führen. In dem Fall mischt man Tag für Tag etwas mehr von dem neuen Futter unter das bisherige, das man vom Züchter mitbekommen hat. Nahrung ist der Grundstock für die Gesundheit. Futter soll nicht nur satt machen, der Hund soll damit gesund alt werden. Das Geld, das man bei minderwertigem Futter spart, trägt man später zum Tierarzt – und das körperliche Leid des Hundes ist mit Geld nicht aufzuwiegen! Die Futterindustrie wirbt mit »Alles drin!«; doch wäre Fertigfutter ausgewogen und gesund, bräuchte es nicht so viele Zusatzmittel zu geben und die Praxen von Tierärzten und Tierheilpraktikern wären nicht so voll. Im Hundefutter werden oft die Reste der menschlichen Ernährung gewinnbringend entsorgt. Billiges Futter kann nicht aus besten Zutaten bestehen.

Wie deutet man Futteranalysen?

Wenn auf der Verpackung z. B. »mit Huhn« steht, können nur 4 % Huhn enthalten sein. Ein hoher Proteinwert (Eiweiß) sagt nichts darüber aus, wie viel Fleisch enthalten ist. Auch

Züchter bekommen von den Fertigfutterherstellern Rabatte, um die Welpen auf die Marke zu prägen. Die verwendete Futtersorte muss also nicht die beste sein. (Leonberger)

Manch ein Tierhalter ahnt nicht, was er seinem Vierbeiner jahrelang gutgläubig vorgesetzt hat.

Getreide enthält Proteine und ist als preisgünstiger Füllstoff oft reichlich enthalten – große Kotmengen und Blähungen deuten darauf hin. Fleisch ist die natürliche Nahrung des Hundes, darauf ist sein Verdauungssystem eingestellt. Hundekuchen enthalten meist noch mehr Getreide und weniger Fleisch als Trockenfutter.

Wenn Sie in der Deklaration »tierische Nebenerzeugnisse« finden, handelt es sich um Schlachtabfälle, z. B. Hirn, Nieren, Blase, Darm, Sehnen, Klauen, Federn, Krallen, Hühnerköpfe, Blut, Drüsen, Hoden (Hormone!). Leider schreibt die Futtermittelverordnung (Stand 2009) die irreführende Bezeichnung »Fleisch und tierische Nebenerzeugnisse« vor, auch wenn nur bestes Fleisch verwendet wurde. Achten Sie bitte auf zusätzliche Angaben, mit denen sich der Hersteller von tierischen Nebenerzeugnissen distanziert.

Aus billigem Soja kann Fleisch täuschend echt nachgebildet werden – keine artgerechte Nahrung für den Hund! Bei »Tiermehl« und »Fisch-

Positiv zu bewerten sind Fertigfutter/Snacks **ohne**

- Tiermehl
- Soja
- synthetische Zusatzstoffe (Aromen, Geschmacksverstärker, Lock-, Duft-, Farbstoffe)
- synthetische Vitamine (sie wirken anders als natürliche, z. B. soll Menadion/Vitamin K3 Krebs erregen, das Erbgut schädigen, zu Todesfällen geführt haben)

- Konservierungsstoffe, künstliche Antioxidanzien
- Gewürze, Zucker
- hohen Gehalt an Vitamin A (soll unter 5000 IE/kg sein) und Vitamin D3 (ca. 1000 IE/kg sind okay), um Knochenschäden vorzubeugen
- Tierversuche.

mehl« denkt sich kaum noch jemand etwas, doch wer weiß schon: Medikamente und Narkosemittel in Tierkörpern können das Erhitzen überstehen. Wenn man dann noch von »mit durchgedrehten« Flohhalsbändern (von getöteten Tieren aus der Tierarztpraxis), Plastikverpackungen von überaltertem Supermarktfleisch, Urin, Kot, Sägemehl (»Zellulose«), Klärschlamm, Holzkohle, Altöl im Futter liest, vergeht jedem liebenden Hundehalter die Lust, Fertigprodukte zu kaufen. »Pflanzliche Nebenerzeugnisse« können Abfall aus Getreidemühlen, Molkereien und aus der Gemüseverarbeitung sein.

Suchen Sie einen Futterhersteller, der sich von Abfallprodukten distanziert und auf Zusätze verzichtet. Zeigen Sie Herstellern, die unseren Lieblingen allerlei Müll zumuten, die »rote Karte«, indem Sie so etwas nicht kaufen.

Trockenfutter

Trockene Futterbrocken haben den Vorteil, dass man große Mengen leicht transportieren und lagern kann. Schmecken wird dem Hund allerdings das tägliche Einerlei oft nicht. Futterexperten raten für junge Hunde zu Welpenkost. Überlegen Sie mal: Welcher Wolf – der Urahn des Hundes – gibt seinen Kleinen Babykost, »Welpen-Beutetiere«? Futter für ausgewachsene Hunde enthält weniger Proteine und Energie als Futter für Junghunde und wäre aus tiertherapeutischer Sicht sogar vorteilhafter, denn Welpenfutter kann ein zu schnelles Längenwachstum verursachen und das Wachstum in die Breite auslassen. Durch

Zugabe von etwas Fleisch und Gemüse (etwa im Verhältnis 2 : 1, möglichst roh) zum Trockenfutter sollte man für Abwechslung und eine einigermaßen gesunde Mischkost sorgen. Mehr über geeignetes Zufutter unter »Naturnahe Kost«, S. 59.

Wasser muss dem Hund reichlich zur Verfügung stehen. Die trockenen Brocken quellen stark auf. Sie können die Brocken auch mit warmem Wasser übergießen, etwa 15 Minuten quellen lassen und sie dem Hund lauwarm anbieten. Oft schmeckt Hunden »beutewarme« Kost besser.

Das Kaubedürfnis von Welpen kann man mit Kauknochen befriedigen. (Beagle)

Trockenfutterhersteller werben gern damit, dass der Zahnabrieb durch trockene Brocken hilft, Zahnstein zu verhindern. In Wahrheit haben erfahrungsgemäß gerade so ernährte Hunde viel Zahnstein. Die Industrie hat auch dagegen etwas: Kaustangen als »Zahnbürste« ...

Hunde, die Trockenfutter nicht mögen, lassen sich manchmal mit ein wenig zugefügtem Speiseöl zum Fressen bewegen, zumal das Futter aus Gründen der Konservierung zu wenig ungesättigte Fettsäuren enthalten kann. Öl bitte vorsichtig dosieren, Fett fördert Durchfall.

Kleine Ursache, große Wirkung

Eine Hundehalterin erzählte mir: »Ich habe meinem Hund nur ein paar frische Kräuter unters Futter gemischt. Er ist jetzt viel munterer. Sogar den Nachbarn fällt das auf.«

Dosenfutter

Dieser Kost wurden keine Konservierungsstoffe zugefügt. Das ist vor allem wichtig für Hunde bzw. Rassen, die zu Allergien neigen, bedeutet aber nicht in jedem Fall, dass auch das Ausgangsmaterial frei von solchen Stoffen war. Die Kotmengen sind oft sehr viel größer als bei Trockenfutter – ein Zeichen dafür, dass der Körper die Nahrung nicht gut verwerten kann (hoher Getreideanteil). Bevorzugen Sie Dosenfutter aus purem Fleisch, fügen Sie fein geraspeltes rohes Gemüse hinzu.

Halbfeuchtfutter

Solch ein relativ weiches Futter kann zahnschädigenden Zucker und Konservierungsstoffe enthalten. Daher sollten halbfeuchte

Kindertipp

Größere Kinder dürfen beim Füttern helfen: den Napf füllen und hinstellen. So lernt der Hund, dass von den Kiddies auch etwas Gutes kommt – nicht nur Haarezupfen. Sind mehrere Kinder da, darf natürlich jeder mal. Der Hund soll erst an den Napf gehen, wenn das Kind es erlaubt, z. B. mit: »Bitteschön.« Sobald der Welpe »Sitz« oder »Platz« beherrscht, kann ein größeres Kind den Hund bitten, sich vor dem Fressen zu setzen oder hinzulegen. Das ist eine wichtige Übung für gegenseitigen Respekt.

Brocken höchstens selten zur Belohnung gegeben werden. Weiche Leckerlis riechen oft stark »nach Chemie« und haben eine unnatürliche Farbe.

Futterzusätze

Nicht viel falsch machen kann man mit ein wenig Joghurt, Frischkäse, Quark, Ei, Speiseöl, Bierhefe, Algenpulver, Honig, Buttermilch, Reis, Dinkel, Gerstenflocken, Haferflocken, Blütenpollen, Heilerde, Gelatinepulver, Kieselerde, frischen Kräutern, Keimlingen und Sprossen. Abwechslung ist wichtig, damit es nicht zu Über- oder Unterversorgung mit bestimmten Stoffen kommt.

Früher war es üblich, jungen Hunden Calciumpräparate zu geben. Davon ist man abgekommen, da dies dem Knochenwachstum wohl eher schadet als nützt. Dasselbe gilt für die gut gemeinte Zugabe von Vitamin-Mineralstoff-Präparaten. Positiv wirkt sich dagegen eine Calciumgabe in Form der Schüßler-Salze Nr. 1/Calcium fluor. D12, Nr. 2/Calcium phos. D6 und Nr. 22/Calcium carb. D6 aus. Sie sorgen für starke Knochen, feste Zähne und Krallen, stabile Sehnen und Bänder. Junge Hunde aus schlechter Aufzucht, deren Körperbau nicht stabil und/oder nicht elastisch wirkt, können damit eine Menge aufholen. Diese Milchzuckertabletten werden hinter die Lefzen gelegt, sie sollen sich dort langsam auflösen. Man kann sie auch zerpulvern und hinter die Lefze streichen oder in Wasser auflösen und mit einer Spritze (ohne Nadel!) ins Mäulchen geben.

Gut zu wissen

In der Biophotonik wurde nachgewiesen, dass in gekochter Nahrung jeder Lebensfunke erloschen ist – die eigentliche Energie. Außerdem sind gekochte Mineralien in der Nahrung nicht mehr organisch gebunden und daher schlecht verwertbar. Vitamine werden durch Kochen zerstört und darum von den Futterherstellern in künstlicher Form zugesetzt.

Naturnahe Kost (Rohfutter)

»Zurück zur Natur« liegt endlich im Trend. Das Gesundheitsbewusstsein der Menschen wächst. Auch für ihre vierbeinigen Lieblinge möchten sie etwas Gesundes und wollen die

Bei rohem Fleisch und rohen Knochen erwachen die Instinkte von »Opa Wolf« im jungen Hund.

Wölfe, kraftvoll und gesund. Warum sollten wir nicht ihrem Beispiel folgen?

Verantwortung für die Ernährung selbst übernehmen, obwohl Fertigkost bequemer ist. Experten für naturnahe Ernährung bezweifeln, dass ein Welpe mit Industriekost gesund heranwächst. In diesem Alter wird der Grundstein für Krankheiten gelegt, z. B. Gelenkerkrankungen. Hunde haben heute dieselben Zivilisationskrankheiten wie Menschen: Hautprobleme, Allergien, Diabetes, Arthrose, Krebs, Zahnstein usw. Wie überzeugend wirkt da ein fitter Hundesenior, der seit vielen Jahren roh ernährt wird und noch im hohen Alter auf dem Agilityplatz den Jüngeren davonläuft! Also lieber vorbeugen als behandeln. Fertigfutterhersteller haben den Trend erkannt, werben mit »naturnah« und verweisen auf Zutaten, die ein Wolf in seiner Nahrung findet. Ein lobenswerter Ansatz, doch jede Art von erhitztem Futter (auch selbst gekochtes) ist nicht naturnah, sondern zerstört, energetisch tot.

Das beste Fertigfutter kommt also mit Frischkost nicht mit. Der Hund stammt vom Wolf ab, sein Verdauungstrakt ist immer noch der eines Wolfes. Kein Wolf kocht seine Nahrung. Daher ist es logisch, dass rohe Nahrung auch für Hunde das einzig Artgerechte ist – das, was sie am besten verwerten können und was sie gesund erhält.

Teurer als Fertigfutter ist rohe Kost kaum, je nach Fleischquelle. Frische Kost enthält mehr Energie, der Hund braucht deshalb weniger

Rohfutter

- sorgt für ein starkes Immunsystem (gute Gesundheit)
- gesunde Haut, schönes Fell
- weniger Parasiten
- weniger Zahnstein
- gute Muskulatur, starke Bänder und Sehnen
- Erleichterung bei arthritischen Erkrankungen
- junge Hunde haben weniger Wachstumsprobleme
- das Risiko einer Magendrehung ist drastisch reduziert
- Kotfressen kommt nicht vor
- Verhaltensprobleme werden gebessert
- hyperaktive Hunde werden ausgeglichener.

(und produziert geringere Kotmengen). Bei abwechslungsreicher Fütterung ergibt sich die Ausgewogenheit des Futters über Wochen. Ein Proteinüberschuss ist nicht zu befürchten, sonst müssten alle Wölfe sterbenskrank sein. Wölfe in Gehegen werden von Experten mit ganzen Tieren gefüttert, nicht mit Fertigkost. Tierisches Eiweiß vertragen Hunde sehr gut, nur pflanzliches ist in großer Menge nicht artgerecht (Beutetiere haben ein wenig »Salatbeilage« in Magen und Darm, kaum Getreide). Deshalb verbietet sich auch vegetarische Kost für den Hund. Lassen Sie sich nicht von den Experten der Futterindustrie verunsichern, die meinen, nur sie seien in der Lage, ausgewogene Hundekost herzustellen.

Über dieses umfangreiche Thema informieren Sie sich bitte in Büchern und im Internet (siehe Serviceseite), Stichwort »BARF«, das bedeutet »**b**iologisch **a**rtgerechtes **r**ohes **F**utter«.

Wichtig

Schärfen Sie Ihrem Nachwuchs ein, dass ungeliebte Nahrung auf keinen Fall unter dem Tisch im Hundeschnäuzchen entsorgt werden darf. Hunde vertragen nicht alles!

zum Futter geben. Nur stark gewürzt sollten die Reste nicht sein. Also bitte keine salzige Bohnensuppe oder pfeffrige Bratensoße in den Napf. Lassen Sie den Vierbeiner gern einmal ein Honigglas oder einen Joghurtbecher ausschlecken – aber unter Aufsicht: Er kann daran ersticken, wenn er die Nase zu tief hineinsteckt. Für Hunde, die rohe Kost schlecht vertragen, z. B. immer wieder mit Durchfall reagieren (anfangs ein natürlicher Entgiftungsprozess, bitte nicht zu früh aufgeben), ist selbst gekochtes Futter die beste Alternative.

Selbst kochen

Bei selbst gekochter Kost weiß man eher als bei Fertigfutter, was in den Napf kommt. Aber warum kochen, wenn die Nahrung dem Hund roh viel zuträglicher ist und die Lebensmittel durch Kochen denaturiert werden?

Hunde haben seit vielen tausend Jahren von den Resten der menschlichen Ernährung gelebt und sind an sie gewöhnt. Insofern ist es nicht schlimm, wenn Ihr Hund einmal eine übrig gebliebene Kartoffel mit Gemüse oder einen kleinen Pfannkuchen bekommt oder wenn Sie etwas Reis oder ein paar Nudeln

Auf die Zugabe von Getreideflocken kann man verzichten, sie ist nicht artgerecht.

Futter-Risiken

- Möglichst **Biofleisch** füttern, um Medikamentenreste zu vermeiden.

- **Gekochte oder gebratene Knochen** splittern, können sich im Maul verkanten, die Speiseröhre verletzen, den Darm schädigen – sehr gefährlich! Bei Verstopfungen können aufwendige Darmspülungen nötig werden. Die Kotbällchen, die zum Vorschein kommen, können aussehen wie kleine Seeigel, hart wie Stein.

- **Rohes Schweinefleisch,** rohe Schweinsknochen, roher Schinken, Mett, gemischtes Hackfleisch, Wurst (meist nur bis 80 °C erhitzt), luftgetrocknete Schweineohren und Schinkenknochen können das für Hunde tödliche Aujeszky-Virus enthalten. Es gibt kein Medikament!

- **Rohes Geflügel, Rinderhackfleisch, Fisch** ist meist gut verträglich, aber manche Hunde reagieren empfindlich auf Salmonellen. Fleisch generell drei Tage einfrieren, im Kühlschrank auftauen.

- **Rohe Eier** nur sehr frisch füttern und nur von freilaufenden Hühnern.

- **Leber und Nieren** selten füttern (Entgiftungsorgane, die belastet sein können).

- **Rohe Bohnen** sind giftig!

- **Rohe Kartoffeln** sind unverdaulich, grüne Teile giftig.

- **Weintrauben und Rosinen** können zu Magen-Darm-Problemen und Nierenversagen führen.

- **Avocados:** Manche Sorten sind für Hunde giftig.

- **Kohl** führt zu Blähungen.

- **Zwiebeln und Knoblauch** können evtl. zu Vergiftung/Anämie führen (umstritten).

- **Kuhmilch** kann zu Durchfall führen, wenn der Hund nicht daran gewöhnt ist. Schafs- und Ziegenmilch vorziehen. Milch nie bei fieberhaften Erkrankungen geben, sie behindert den Heilungsprozess. Manche Antibiotika können in ihrer Wirkung durch Milch und Milchprodukte beeinträchtigt werden.

- **Schokolade** ist ab ca. 20 g pro Kilogramm Körpergewicht für Hunde giftig, je nach Kakaogehalt.

- **Süßstoff Xylit** steigert die Insulinproduktion, lebensgefährlicher Abfall des Blutzuckerspiegels und Leberversagen drohen – Notfall! Deshalb Süßigkeiten, Kekse, Eis, Kaugummi nicht herumliegen lassen!

Individuelle Futtermenge

Die Menge richtet sich nach
- Rasse, Körperbau
- Aktivität: normal aktiv, Sofahund, Sporthund
- Stoffwechsel
- Aufenthalt: mehr drinnen oder draußen
- Temperament: Nervöse Hunde brauchen mehr Futter als ruhige (Ausnahme: hyperkinetisches Syndrom durch Getreide, dann würde mehr Fertigfutter nicht helfen.)
- Qualität der Nahrung: Ein hoher Getreideanteil bewirkt eine schlechte Verwertung, von solch einem Futter braucht der Hund mehr als von einer optimal zusammengesetzten Nahrung. Auch teures Fertigfutter enthält Getreide, das weniger Energie liefert als frische Kost.

Naturnahe, rohe Nahrung wird wesentlich besser verwertet als Fertigfutter. Der Hund braucht von roher Kost weniger:
- als Welpe täglich 2–4 % des erwarteten Endgewichts (Beispiel: bei 25 kg Endgewicht sind es 500–1000 g Rohfutter pro Tag)
- als erwachsener Hund ca. 2 % des optimalen Gewichts.

Rippen und Wirbelsäule sollen fühlbar, aber nicht sichtbar sein. Wiegen Sie den Welpen einmal pro Woche, er soll langsam zunehmen und wachsen. Füttern Sie lieber zu wenig als zu viel! Übergewicht kann die Entwicklung des Körperbaus schädigen. Das Fatale daran: Junge Hunde schießen zuerst in die Höhe und werden dann erst dick. Das heißt: Ein pummeliger Wonneproppen ist definitiv zu schnell gewachsen. Unbedingt sofort weniger füttern!

Mein besonderer Tipp

Rezept Welpenmilch: 1 TL kalt geschleuderten Honig in einer Tasse mit warmem Wasser (unter 40 °C, sonst wird der Honig zerstört) auflösen, 1 EL Sahne und 1 frisches Eigelb zugeben, verquirlen.
Nahrhafter wird die Mischung, wenn man etwas Baumrindenpulver (Fertigprodukt) und gemahlene Schale von einem rohen Ei zugibt.

Ein Hundekuchen von 20 g schlägt genauso zu B(a)uche wie 100 g Nassfutter! Machen Sie Ihrem Liebling das Leben nicht unnötig schwer.

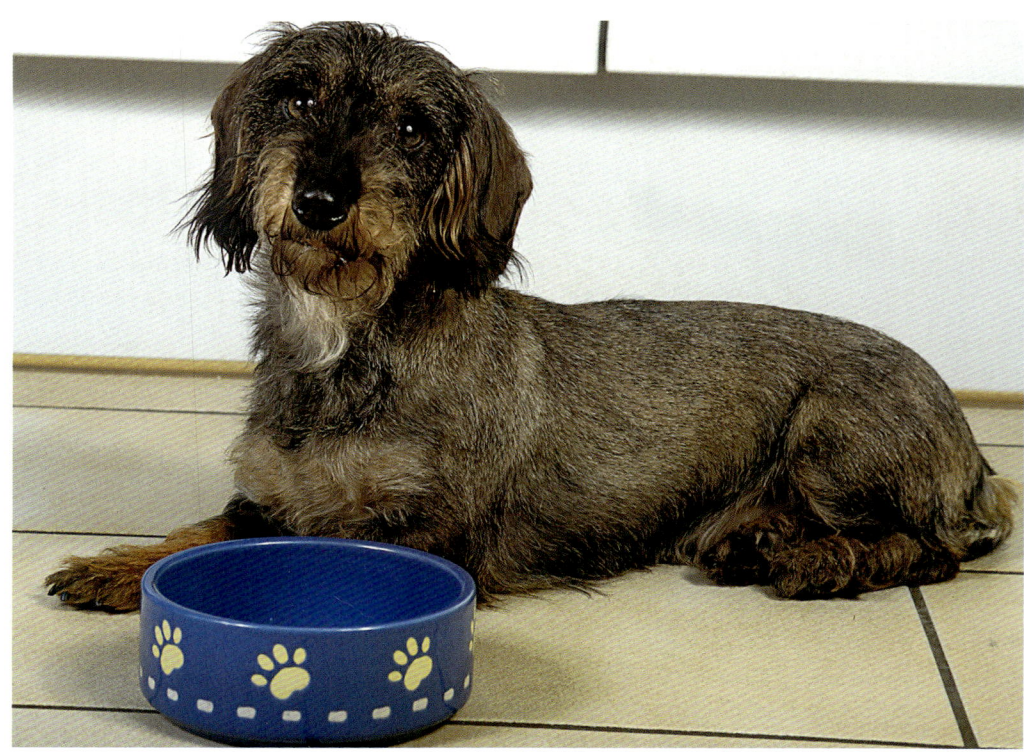

Man kann ihn förmlich sagen hören: »Hast du nicht was vergessen?« Hunde haben eine innere Uhr, sie kennen den Tagesablauf genau. (Dackel)

Wann gibt's Essen?

Der Verdauungstrakt des jungen Hundes verträgt nur kleine Mengen. Deshalb muss das Futter auf mehrere Mahlzeiten pro Tag verteilt werden:

- bis vier Monate: vier Mahlzeiten (ab sieben Uhr morgens, alle vier Stunden)
- vier bis sieben Monate: drei Mahlzeiten
- ab acht Monate: zwei Mahlzeiten (ein Leben lang, im Alter ggf. drei bis vier Mahlzeiten).

Futter soll nicht ständig für den Hund verfügbar sein. Er frisst dann leicht zu viel und wächst zu schnell, Knochenprobleme drohen. Geben Sie ihm das Futter immer am selben Ort und zu festen Zeiten. Er wird die Zeiten bald kennen und zur Stelle sein. Falls er gerade nicht in der Nähe ist, rufen Sie aufmunternd: »Essen!« Man kann auch einen Futterpfiff mit einer speziellen Pfeife einführen. Futter, das nach 15 Minuten nicht gefressen ist, kommt bis zur nächsten Fütterung in den Kühlschrank, damit es nicht verdirbt (30 Minuten vor dem Füttern herausnehmen, zimmerwarm füttern).

Leckermäulchen

Nicht jeder Hund mag alles, was man ihm vor-
setzt. Ihr Kleiner darf natürlich Vorlieben und
Abneigungen haben. Sein Instinkt sagt ihm,
was gut für ihn ist und was nicht. Finden Sie
heraus, was das Welpenherzchen begehrt.
Damit der Hund nicht mäkelig wird, ist es
wichtig, ihm viele verschiedene Nahrungsmit-
tel bzw. Futtersorten anzubieten. So wird er
notfalls Diätkost akzeptieren, die wegen einer
Erkrankung nötig werden könnte.
Manche Hunde warten, ob nicht noch etwas
Besseres kommt. Ein Blick aus bettelnden
Hundeaugen erweicht so manches liebende
Frauchen, ein Stück Käse aufs Futter zu legen
oder ein bisschen Sahne drüberzugießen.
Aus Verzweiflung wird ein wählerischer Hund
manchmal aus der Hand gefüttert oder bekommt seine Mahlzeit am Tisch sitzend vom
Löffel. So zieht man einen Mäkelfresser heran!
Es ist nicht immer einfach, »will nicht« von
»mag nicht« zu unterscheiden. Die konse-
quente Methode »Friss oder stirb« ist genauso
falsch, wie dem Hund immer wieder etwas anderes anzubieten, weil der kleine Schatz dieses oder jenes lieber möchte. Hunde legen
manchmal auch von sich aus einen Fastentag
ein. Wenn Ihr Hund also mal einen Tag nicht
frisst und kein Fieber hat (ab 39 °C), ist das
kein Grund zur Besorgnis. Im Zweifel lassen
Sie bitte den Tierarzt prüfen, ob eine Allergie
oder eine organische Störung vorliegt.
In der Pubertät (Anzeichen sind erste Läufigkeit bzw. erstes Beinheben) kann eine Zeit
kommen, in der das Futter verweigert wird.
Das gibt sich.

Er wusste es

Ein Terrierwelpe kam mit einer 400-g-Dose
Welpenfutter drei Tage aus, das waren
ca. 30 g pro Mahlzeit. Was auch versucht
wurde, ihn zum Fressen zu bringen, es
half nichts. Die Züchterin meinte nur:
»Bei vollem Napf ist noch kein Hund ver-
hungert!« Der Tierarzt stellte eine rassetypische Nierenschwäche fest. Das stark
proteinhaltige Welpenfutter hätte dem
Hund schwer geschadet.

Natürlich möchte man den kleinen Liebling
auch mit Hundekuchen verwöhnen. Achten
Sie bitte – wie beim Futter – auf gute Zutaten.
Wenn man selbst backt, weiß man, was drin
ist. Sehen Sie sich nach einem Buch dazu um.

Mit großen, harten Brocken können die Zähne
eines kleinen Hundes überfordert sein.

Rezept »Leckerschmeckerchen«

150 g Quark, 6 EL Milch, 6 EL Öl, 1 Ei mixen. 200 g Hundeflocken ohne fleischige Brocken (oder Haferflocken) mahlen oder leicht mit Wasser einweichen, unterkneten. Wenn der Teig noch weich ist, etwas Mehl zugeben. Als Geschmacksvariationen unterkneten: 2 EL Traubenzucker oder 2 EL Honig, 100 g Rinderhack, 1 EL Leberwurst, 50 g geriebenen Käse, 1 geriebene Karotte, Obststückchen.

Mit einem Teelöffel Häufchen abnehmen, auf ein mit Backpapier ausgelegtes Backblech setzen. Die Hundekekse bei 175 °C im Umluftofen ca. 30 Minuten kross backen (ohne Umluft: 200 °C).

Im Kühlschrank lagern, um Schimmel zu vermeiden, ggf. einen Teil einfrieren.

Futterumstellung

Früher stellte man die Welpenkost am ersten Geburtstag auf Futter für erwachsene Hunde um. Es hat sich gezeigt, dass eine Umstellung im Alter von sechs bis sieben Monaten besser sein kann, da der Hund sonst evtl. zu nahrhafte Kost bekommt, die ihm zu viel Power gibt bzw. der Entwicklung des Knochenbaus schaden kann. Bei der Umstellung mischt man täglich etwas mehr vom neuen Futter unter das Welpenfutter. Wechselt man zu abrupt, kann es zu Verdauungsstörungen kommen oder der Hund lehnt das Futter ab. Auf dieselbe Weise geht man vor, wenn man später einmal die Futtersorte wechseln möchte.

Schnell wird der Welpe groß. Notieren Sie die Zeiten der Futterumstellung im Kalender.

Ein gepflegter Hund

Ein attraktiver Hund ist die Visitenkarte seines Halters. Mindestens einmal pro Woche soll die Rundumversorgung gemacht werden, damit Krankheitssymptome wie Ausfluss, entzündete Analdrüsen, schuppiges Fell, Geschwülste im Anfangsstadium nicht verborgen bleiben. Der Hund muss sich auf sein Pflegepersonal verlassen können. Legen Sie die auf S. 38 genannten Utensilien parat.

Kämmen und Bürsten

Je nach Länge und Struktur des Fells kann die Pflege mehr oder weniger aufwendig sein. Manch ein langhaariger Hund braucht viele Stunden Pflege pro Woche, mit einer besonderen Bürstetechnik. Ein Kurzhaarhund kann mit einem Lederlappen auskommen, der übers Fell gestrichen wird. Doch auch Hunde mit kurzem Fell genießen das Bürsten, es bringt den Kreislauf in Schwung. Was für Ihren Liebling richtig ist, erfahren Sie beim Züchter, im Tierheim oder vom Fachpersonal eines Zoogeschäfts.

Gut zu wissen

Kämmen kostet Unterwolle. Hunde brauchen sie im Sommer wie im Winter als Klimaschutz. Also den Kamm nur behutsam einsetzen.

Legen Sie den Hund auf einen Tisch mit weicher Unterlage. Nur wenn er auf der Seite liegt, erreichen Sie alle Körperpartien. Junge Hunde wollen anfangs herumkaspern und in die Bürste beißen. Sie mögen nicht still liegen. Beruhigen Sie Ihren Kleinen mit TellingtonTouch: Mit der flachen Hand wird die Haut in Kreisen ganz leicht verschoben. Erst einmal soll der Welpe sich nur anfassen lassen, auch als Übung für Tierarztbesuche und Medikamentengabe. Fahren Sie vor dem Bürsten mit den Fingern sorgfältig durch das Haar, um Zecken in der Haut zu erfühlen. Solche fest-

Drahtbürsten reißen Unterwolle aus. Ohne Noppen können sie obendrein die Haut verletzen.

sitzenden Blutsauger müssen vor der Fellpflege unbedingt heraus. Einen jungen Hund
gewöhnt man an die Pflegeprozedur, indem
man mit der Bürste nur ganz leicht über das
Fell streicht. Schon gibt's einen leckeren
Happen – welch eine Freude! Machen Sie ihm
die Pflege so angenehm, dass er sich danach
sehnt, auf den Tisch zu dürfen (aber nur,
wenn die Pflegedecke draufliegt!). Er soll wollen, nicht müssen. Sagen Sie ihm, was auf ihn
zukommt:

- »Zeig mir die Pfote.« (»Pfote« betonen)
- »Komm, Augen sauber machen.« (»Augen«
  betonen)
- »Jetzt noch ins Ohr gucken. Zeig mal dein
  Ohr.« (»Ohr« betonen)

Bald versteht der junge Hund und macht mit.
Bei langen Haaren entfernen Sie Verfilzungen
sorgfältig (auseinanderziehen und auskäm-
men), damit keine Ekzeme entstehen. Beobachten Sie die Signale des Hundes. Vielleicht
kräuselt er die Nase, wenn Sie zu stark an ver-
filztem Fell reißen. Deuten Sie das nicht als
Drohung »Gleich beiße ich!«, sondern als Bitte:
»Sei vorsichtiger!« Zeigen Sie ihm, dass Sie
verstanden haben, indem Sie sorgsamer zu
Werke gehen oder zunächst eine andere Kör-
perstelle pflegen. Es soll nicht dazu kommen,
dass der Hund knurrt oder gar schnappt. Verbieten Sie das Knurren nie! Hunde, die nicht
knurren dürfen, beißen bald ohne Vorwarnung.
Kinder können schon beim Welpen der Pflege-

Auch die regelmäßige Kontrolle der Ohren gehört zum Pflegeprogramm.

person zur Hand gehen, indem sie den Hund streicheln, beruhigen und ein wenig das Köpfchen halten. So entsteht eine Bindung, und der Welpe lernt, dass nichts Schlimmes passiert. Warnende Signale des Hundes können Kinder noch nicht genau einschätzen, sie sollten einen Hund deshalb nur unter Aufsicht pflegen. Es reicht schon, wenn der Welpe ab und zu sachte gebürstet wird, als Übung für Kind und Hund.

Körperpflege von Kopf bis Pfote

Sehen Sie sich die **Augen** an. Sie sollen frei von Absonderungen sein (höchstens morgens ein bisschen Sekret, täglich entfernen). Die Bindehäute sind weder sehr hell noch dunkelrosa. **Ohren** sind selbstreinigend, brauchen kaum Pflege. Bräunliche Beläge entfernen Sie nur so weit, wie Sie ins Ohr sehen können, mit desinfizierendem Öl auf einem Wattebausch. Keine Wattestäbchen hineindrücken! Haare im Gehörgang werden ausgezupft. Ohren können von Milben befallen sein und sich entzünden. Wenn Sie Rötungen bemerken, der Hund den Kopf schief hält oder sich ständig am Ohr kratzt, gehen Sie schnellstmöglich zum Tierarzt. Mit einer Ohrentzündung ist nicht zu spaßen.

Die **Zähne** kontrollieren Sie einmal pro Woche auf Zahnstein. Erste Beläge kratzt man vorsichtig mit dem Fingernagel, dem Rand einer gereinigten Münze oder dem Zahnsteinschaber weg (Versandhandel). Zähneputzen mit Hundezahnpasta wird dem Hund meist bald lästig. Niemals darf Zahnstein so schlimm

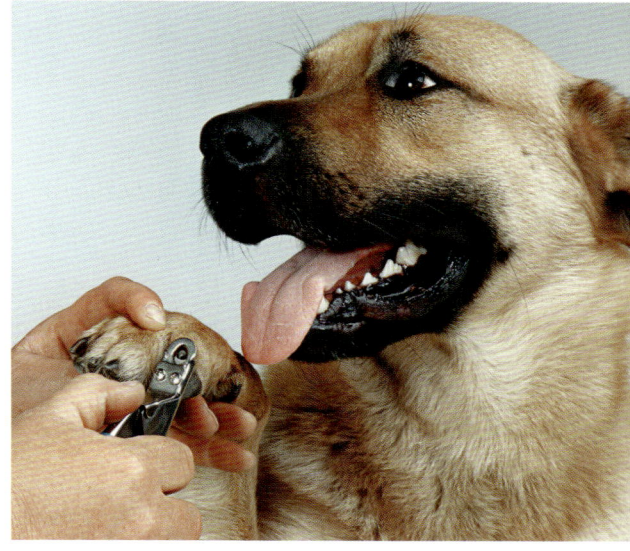

»Wenn dein Hund zu lange Krallen hat, hast DU zu wenig Bewegung«, sagt man in Hundekreisen.

werden, dass der Tierarzt den Hund in Narkose legen muss.

Krallen müssen evtl. gekürzt werden. Nehmen Sie das bitte als Zeichen dafür, dass der Hund mehr Bewegung braucht. Wenn nur wenige Krallen betroffen sind, soll der Tierarzt nach einem Körperbaufehler sehen. Leuchtet man mit einer Taschenlampe durch die Krallen, kann man erkennen, wo Nerven und Blutgefäße enden. Kürzen Sie die Krallen mit einer Krallenzange nur so weit, dass Schmerzen und eine Blutung vermieden werden. An den Vorderläufen sitzen etwas erhöht die Daumenkrallen, selten an den Hinterläufen Afterkrallen. Sie haben keine Berührung mit dem Boden und können rund wachsen, sogar ins Bein einwachsen. Viele Hunde erledigen das Kürzen mit den Zähnen, aber passen Sie lieber

Mein besonderer Tipp

Bei Rüden wird regelmäßig das Haar um die Penisspitze geschnitten, damit es nicht zu Ausfluss kommt (Vorhautkatarrh). Passiert das doch, kann man prima mit Bachblüten behandeln: 1 Tropfen der Essenz Crab Apple auf 10 ml Wasser, davon ein paar Mal einige Tropfen auf die betroffene Stelle geben. Nach ein bis zwei Tagen ist die Sache vergessen. Beim Tierarzt kann die Behandlung wesentlich umfangreicher sein.

auf. Wenn Sie unsicher sind, wie weit Sie eine Kralle kürzen können, nehmen Sie eine Feile oder lassen es vom Tierarzt machen.

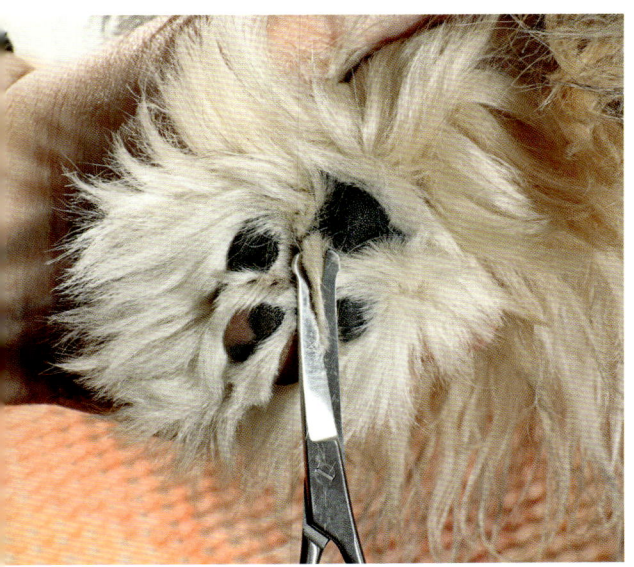

An den Pfoten sind Hunde empfindlich. Bitte ganz vorsichtig sein.

Die **Pfoten** müssen ebenfalls regelmäßig untersucht werden, ggf. mit der Taschenlampe. Zwischen den Ballen kann verfilztes Haar zu Druckstellen führen. Fühlen Sie hinein. Schneiden Sie den Filz mit einer abgerundeten Bastelschere vorsichtig heraus. Manchmal sitzen zwischen den Zehen Fremdkörper (Kaugummi, Glassplitter), oder Getreidegrannen bohren sich in die Haut.

Auch die **Brustwarzen** werden bei der Routinekontrolle inspiziert, sowohl bei Hündinnen als auch bei Rüden. Falls sie einen Schmutzrand haben, weicht man ihn mit dem Pflegeöl auf und entfernt ihn vorsichtig mit einem Wattestäbchen.

Unter dem Schwanzansatz können sich ebenfalls Probleme verbergen: ein von Kot verklebter Po (abspülen oder trocken ausbürsten, ggf. etwas Fell wegschneiden), entzündete Analdrüsen oder Würmer (Juckreiz am After – der Hund versucht dann, daran zu lecken, oder rutscht auf dem Hinterteil herum).

Badetag

Ein gesunder Hund, der gut gebürstet wird, braucht kein Shampoobad, außer er hat sich in übel riechenden Dingen wie Katzenkot oder Kuhfladen gewälzt. Häufiges Baden schadet der Haut und regt sie zu vermehrter Talgproduktion an. Das Fell wird fettig, man badet den Hund wieder ... ein Teufelskreis. Wenn es doch mal sein muss:

● Vor dem Baden einen Spaziergang machen, besonders in der kalten Jahreszeit (je nach Länge des Fells kann es Stunden dauern, bis das Haar trocken ist und der Hund wieder ins Freie darf).

- Rutschsichere Matte in die Wanne legen.
- Handtücher zurechtlegen.
- Hundeshampoo neben die Wanne stellen.
- Mehrere Wattebäusche parat haben und dem Hund einen in jedes Ohr stecken (die anderen als Reserve, falls er die Watte aus den Ohren schüttelt).
- Möglichst eine Person zum Festhalten bitten.

Sorgen Sie für eine fröhliche Stimmung. Nur kein Stress und kein Schimpfen. Einen kleinen Hund kann man in die Wanne heben, einen großen lockt man mit einem Lecker-

bissen hinein (wenn er sich weigert: mit Clickertraining üben, kein Zwang!). Nun wird das Fell mit handwarmem Wasser nass gemacht und das Shampoo einmassiert. Bitte darauf achten, dass keine Seife in Augen, Ohren, Maul oder Nase gerät. Auf Haarkuren sollten Sie verzichten. Wenn das Fell nicht von Natur aus schön ist, ändern Sie lieber etwas an der Ernährung: Ein wenig Speiseöl oder Brennnessel zum Futter macht das Fell glänzend. Weißes Fell, das einen Gelbstich hat oder rötliche Spuren von Tränenflüssigkeit oder Speichel (durch Belecken) aufweist, wird mit einem blauen Shampoo wieder strahlend weiß.

Herumtollen im Bach ist ein natürliches Hundebad. Abduschen macht den Dreckspatz wieder sauber.

Ab und zu ist eine »Unterbodenwäsche« mit klarem Wasser nötig.

Machen Sie das Baden lieber zum Vergnügen, als es den Hund ernst ertragen zu lassen.

Spülen Sie das Shampoo gründlich aus. Etwas Essig im Spülwasser stellt den Säureschutzmantel der Haut wieder her. Drücken Sie Fell und Pfoten aus. Legen Sie ein Handtuch auf den Hunderücken, um Ihre Badezimmereinrichtung zu schützen, wenn der Hund sich schütteln wird. Einen kleinen Hund heben Sie aus der Wanne, ein großer darf erst auf Anweisung auf ein Badetuch springen. Gut abrubbeln (Was für ein Spaß!) – und den Hund wieder einfangen, falls er gleich durch die Wohnung toben und sich an den Möbeln trockenreiben will.

Katzenparfüm

Mit unserem Terrier waren wir zu einer Feier bei Freunden eingeladen. Der Hund musste zwischendurch mal raus, hob das Bein und wälzte sich ausgiebig im Schnee. Als wir ihn schließlich wieder hereinließen, legte er sich wie gewohnt unter den Kaffeetisch. Ein Gast nach dem anderen rümpfte die Nase: »Was riecht denn hier so?« Der Hund hatte sich offensichtlich in Katzenurin gesuhlt. Der Gestank war weder durch Abreiben mit Schnee noch unter der Brause wegzubekommen und verschwand erst nach Tagen.

Gesund und munter

Bei einem Welpen aus einer sorgfältig ausge-
suchten Zuchtstätte geht man davon aus,
dass er gesund ist. Leider trifft das nicht
immer zu, vor allem bei enger Verwandtschaft
der Elterntiere. Viele Hunde stammen aus
Zufallspaarungen, vom Bauernhof, vom Mas-
senzüchter, aus Billigimporten oder wurden
als Mitleid erregende Wesen aus dem Urlaub
mitgebracht. Oft wird bei der Aufzucht an der
Gesundheitsvorsorge gespart. Das beginnt
bereits bei der Entwurmung. Angeborene erb-
liche Mängel, Allergien und Autoimmuner-
krankungen scheinen auf dem Vormarsch zu
sein. Lassen Sie also den Tierarzt lieber gleich
mal den Welpen ansehen, wichtig auch für
Regressansprüche.

Beim Tierarzt

Zum Üben setzen Sie den Welpen daheim
schon einmal auf einen Tisch. Geben Sie ihm
einen leckeren Happen. Schauen Sie ihm in
Öhrchen und Äuglein, sehen Sie sich die
Zähne an, heben Sie die Pfötchen hoch.
Fragen Sie Hundehalter nach einem kompetenten, liebevollen Tierarzt, der sich mit mindestens einer Naturheilmethode auskennt.
Zum Tierarzt nehmen Sie Impfpass und Leine
mit. Kinder dürfen auch mit. Weil der Impfschutz noch nicht vollständig ist, tragen Sie
das Hündchen zum Auto und vom Auto ins
Wartezimmer. Lassen Sie den Kleinen nicht
alles abschnuppern! Auf Ihrem Schoß ist er

besser aufgehoben als inmitten der warten-
den kranken Tiere: Ansteckungsgefahr! Auf
dem Untersuchungstisch halten Sie das Hundekind gut fest. Der Tierarzt wird dem Welpen
in Augen, Ohren und Schnäuzchen gucken,
Herz und Lunge abhorchen. Er wird ihn von
Kopf bis Pfote abtasten und bei einem Rüden
prüfen, ob die Hoden da sind. Schon fertig –
der Kleine bekommt ein großes Lob und als
positiven Abschluss ein Leckerli. Nehmen Sie
den Welpen wieder auf den Arm (auch in der
Praxis soll er nicht herumschnüffeln), bezahlen Sie die Gebühren und tragen Sie den bra-
ven kleinen Helden zum Auto. Wenn Sie großzügig sind, bekommt er dort noch ein neues
Spielzeug – so, wie Sie es vielleicht auch nach
dem ersten Zahnarztbesuch Ihrer Kinder ge-

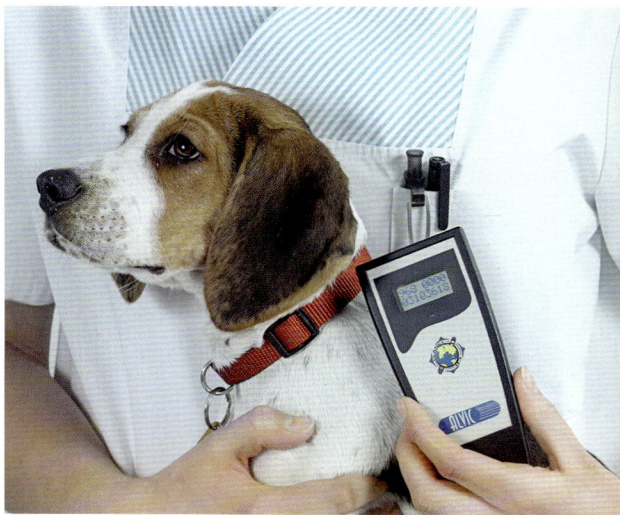

Der Tierarzt prüft, ob der Hund einen Chip unter
der Haut hat.

Welpen duften so angenehm, dass man ständig die Nase in ihr Fell stecken möchte.

macht haben. Ein fortschrittlicher Tierarzt freut sich über Hundehalter, die auch ohne medizinischen Grund recht bald wieder vorbeischauen, um den Tierarztbesuch zur Routine zu machen; schließlich profitiert der Tierarzt von einem gelassenen Patienten. Daheim üben Sie in der nächsten Zeit weiter das Untersuchen von Ohren, Augen, Zähnen, Pfoten und auch schon einmal das Fiebermessen (siehe S. 79). Notieren Sie die Normaltemperatur Ihres Hundes.

Gut zu wissen

2008 galt Deutschland als tollwutfrei. Wenn das so bleibt, ist eine Tollwutimpfung nur für Reisen ins Ausland nötig. Borreliose-Impfung hat sich nicht bewährt.

Impfung und Wurmkur

Beim Züchter wurde der junge Hund mit acht bis neun Wochen geimpft. Falls Sie vom Verkäufer keinen Impfpass bekommen haben, wird die Impfung beim ersten Check-up erledigt.

Vier Wochen nach der Erstimpfung ist die **Wiederholungsimpfung** dran, etwa im Alter von 12–13 Wochen. Es ist sinnvoll, den kleinen Hund ein paar Tage vor jeder Impfung zu entwurmen, damit er gesund und widerstandsfähig ist und die Impfung gut verkraftet. Bitten Sie den Tierarzt, nicht mehr als vier Impfstoffe auf einmal zu spritzen. Der Rest kommt später, z. B. gegen Zwingerhusten. Manchmal werden acht Impfstoffe auf einmal gespritzt, das ist eine enorme Belastung für den kleinen Hundekörper!

Zwei bis vier Wochen später ist der Impfschutz aufgebaut. Dann sind endlich Spaziergänge und Hundekontakte relativ gefahrlos möglich. Manche Tierärzte impfen den jungen Hund dreimal: mit acht, zwölf und 16 Wochen. Danach hat er ein Jahr Ruhe. Mit der Impfung im zweiten Lebensjahr ist die Grundimmunisierung abgeschlossen. Tragen Sie den nächsten Impftermin in Ihren Kalender ein. Nach der Impfung soll der Hund sich in Ruhe erholen. Keine Anstrengung bitte, kein Spielen, kein Spaziergang. Vielleicht ist Ihr Kleiner nach dem Impfen ein bisschen schlapp. Sollte er ernste Probleme bekommen, rufen Sie sofort den Tierarzt an, auch nachts!

Bei vielen Hundehaltern mehren sich die Widerstände gegen das Impfen. Eine Impfung kann sehr belastend sein, bietet keinen hundertprozentigen Schutz, gesundheitliche Schädigungen und Spätfolgen werden oft nicht ernst genommen. Einige Hundehalter gehen davon aus, dass ein starkes Immunsystem, das durch Rohfutter aufgebaut wird, es mit Krankheitserregern aufnehmen kann und dass bei so ernährten Hunden eine Grundimmunisierung reicht. Andererseits hört man, dass durch »Impfmüdigkeit« bereits wieder Krankheitsfälle aufgetreten sind. Immerhin haben kritische Stimmen erreicht, dass Hunde gegen fast alle gängigen Erkrankungen nur noch in Drei-Jahres-Intervallen geimpft werden sollen (Stand 2009). Was für Ihren Hund richtig ist und wie sich in Ihrer Umgebung die »aktuelle Seuchenlage« darstellt, weiß der Tierarzt.

Werfen Sie bitte einen Blick auf jeden Kothaufen Ihres Hundes. Falls Sie in den Hinterlassenschaften **Würmer** finden, die aussehen wie kleine Spaghetti (Spulwürmer), ist noch einmal eine Entwurmung fällig. Manche Würmer sind schwer zu erkennen, z. B. reiskornähnliche Bandwurmglieder.

Anzeichen für Wurmbefall sind:

- Durchfall
- Husten, Erbrechen (manchmal kommt ein Wurm mit heraus)
- dicker Bauch
- struppiges Fell
- Appetitlosigkeit
- Gewichtsabnahme, obwohl der Hund viel frisst
- Juckreiz, besonders am Po.

In den Heimtierausweis werden alle Impfungen eingetragen. Dieses amtliche Dokument braucht man für Auslandsreisen. (Akita Inu)

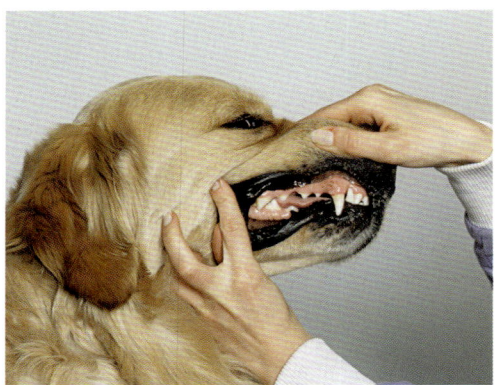

Bei der Zahnkontrolle wird auf Zahnstein, gerötetes Zahnfleisch, ggf. Knochensplitter geachtet.

Ein Hund kann sich jeden Tag »Würmer holen«, z. B. vom Kot anderer Hunde, von einer Maus am Feldweg, durch Flöhe. Daher

Zum Tierarzt muss der Hund, wenn er

- eine größere Wunde hat.
- nicht fressen will (oft ist Fieber der Grund).
- müder ist als sonst.
- beißt, wenn man ihn anfassen will (Schmerzen).
- sich anders als sonst bewegt.
- nicht spazieren gehen mag.
- Absonderungen hat.
- sich ständig kratzt, leckt, den Kopf schüttelt oder ihn schief hält.
- hustet.
- ein struppiges Fell hat.
- Hautschäden hat.
- Geschwülste hat, z. B. Gesäugetumor oder eine Reaktion an der Impfstelle.

ist es nicht sinnvoll, ihn regelmäßig mit einer vorsorglichen Wurmkur zu belasten und sich dann monatelang in trügerischer Sicherheit zu wiegen. Alternativen zur »chemischen Keule« vom Tierarzt:

- bei Verdacht auf Würmer eine Kotprobe untersuchen lassen,
- natürliches Wurmmittel verwenden,
- vorbeugend häufig geraspelte Möhren füttern,
- die Bachblüten Crab Apple und Centaury geben.

Manche Hunderassen leiden am »MDR1-Defekt«, das ist eine genetisch bedingte Unverträglichkeit gegenüber zahlreichen Medikamenten (inkl. Narkosemittel). Lassen Sie ggf. einen Labortest machen. Schon ein falsches Wurmmittel kann zum lebensbedrohlichen Notfall führen!

Gesundheitsvorsorge

Eine sehr gute Vorsorge für Hunde jeden Alters ist viel Sonne. Welpen und Junghunden hilft sie beim Knochenaufbau.

Besorgte, unerfahrene Hundebaby-Ersatzeltern gehen bei der kleinsten Unpässlichkeit zum Tierarzt. Das ist gut so – lieber einmal zu oft als einmal zu selten. Doch bei aller Fürsorge: Passen Sie auf, dass Ihr Kleiner nicht übertherapiert wird. Nicht alle Tierärzte behandeln nur aus Tierliebe, es geht auch ums Geldverdienen. Durch Medikamente kann z. B. die Leber geschädigt werden. Jeder Hundehalter lernt erst aus Erfahrung, was er selbst machen kann, z. B. einen Splitter entfernen, eine

Wunde desinfizieren, einen Pfotenverband anlegen. Besuchen Sie einen Kurs, in dem ein Tierarzt erklärt, wie man eine Maulschlinge und einen Ohrenverband macht usw. Bücher über Hundegesundheit und Erste Hilfe beim Hund sind ein Muss.

Geben Sie einem Haustier niemals ohne Zustimmung des Tierarztes Medikamente, die für Menschen gedacht sind!

Eine **Tierkrankenversicherung** lohnt sich selten. Legen Sie ca. 40 Euro monatlich auf ein Sparkonto – unantastbar bis zum Lebensende des Hundes! Die hohen Kosten kommen im Alter.

Informieren Sie sich über **Naturmedizin**: Kräuterheilkunde, Bachblütentherapie, Homöopathie, Schüßler-Salze. Darüber gibt es gute Bücher für Tiere. Die Rescue-Tropfen der Bachblüten helfen bei Notfällen, stoppen Blutungen, lindern Schmerzen, sind auch Erste Hilfe für die Seele. Das »Antibiotikum« der Bachblüten heißt Crab Apple, es kann nebenwirkungsfrei Krankheitserreger und Giftstoffe aus dem Körper schleusen. Entzündungen reagieren positiv auf Holly. Dosierung: In ein 10-ml-Fläschchen mit Pipette gibt man kohlensäurefreies Mineralwasser, dazu je 1 Tropfen Blütenessenz (Rescue: 2 Tropfen); von dieser Mischung bekommt der Hund viermal täglich 4 Tropfen hinter die Lefzen, ggf. direkt auf betroffene Stellen, z. B. bei Absonderungen aus Auge oder Penis.

Wunden heilen schnell mit Ringelblumentinktur (Calendula): 2 TL auf ein Glas Wasser, halbstündlich warme Kompressen auflegen. Tiefe Schnitte (z. B. von Glasscherben) und Löcher (Bisswunden nach Rauferei) heilen

wunderbar aus der Tiefe heraus mit Malventee, den man auf die Verletzung gibt (Kaltansatz: Blüten und Blätter einige Stunden in Wasser legen).

Gegen Viren und Bakterien wirkt Zitronenmelisse (ins Futter geben).

Bachblüten sind ein Segen für Mensch und Tier, seit Jahrzehnten bewährt. (Border Collie)

Auch beim Spiel, wenn man den Hund anfasst, achtet man auf körperliche Veränderungen.

Informieren Sie sich bitte über mögliche rassetypische Erkrankungen, und achten Sie auf entsprechende Symptome.
Seien Sie immer über das Gewicht Ihres Hundes auf dem Laufenden, damit er nicht zu schnell wächst, nicht zu dick oder zu dünn wird und der Tierarzt im Fall einer Notoperation sofort Bescheid weiß.

Achten Sie täglich auf **Absonderungen** (Augen, Ohren, Nase, Maul, Geschlechtsöffnungen). Je nach Farbe und Konsistenz lassen sie sich oft mit Schüßler-Salzen behandeln. Die Bachblüte Crab Apple hilft ebenfalls.
In die **Pfoten** sollte man täglich hineinfühlen und Fremdkörper aufspüren.
Wenn eine **Operation** ansteht, darf der Hund einige Stunden vorher nichts fressen. Nach der Operation muss er es warm haben (Decke zum Tierarzt mitnehmen).
Hautprobleme bessern sich oft, wenn man halbfeuchte Kauartikel weglässt. Distelöl zum Futter gilt als Geheimtipp – und natürlich Rohfutter.
Vom **Zahnwechsel** (ab ca. vier Monate) merkt man meist wenig. Falls der junge Hund in dieser Zeit schlecht frisst, helfen weiches Futter und die Bachblütenessenz Walnut. Manchmal fallen die spitzen Eckzähnchen nicht von allein aus, während die neuen Zähne schon da sind. Wenn ein Zerrspiel mit einem Handtuch ohne Erfolg bleibt, muss der Tierarzt den Zahn ziehen.
Ein häufiges Übel kann **Durchfall** sein – ein Zeichen, dass der Körper sich von etwas be-

Notfallapotheke für den Hund:

- Verbandmaterial (auch wasserfestes), Watte zum Abpolstern von Pfotenballen
- Pfotenschutzschuh
- Pinzette
- ein Rundholz, auf das der Hund beißen kann (z. B. ein Stück von einem Besenstiel mit Bändern dran, die im Nacken verknotet

werden), falls man ihm etwas aus dem Rachen ziehen muss
- Fieberthermometer
- Vaseline oder Melkfett zum Einfetten des Thermometers vor dem Einführen in den After
- Beißschutzkragen

freien will, das ihm nicht bekommt. Das ist gut so, man darf es nicht gleich mit Medikamenten unterbinden. Beim Welpen kann Durchfall ein Alarmzeichen sein: unbedingt zum Tierarzt! Ältere Hunde lässt man ein, zwei Tage fasten, dann ist meist alles wieder gut. Es gibt viele Ursachen: Aufregung/Stress (z. B. beim Spaziergang), Sommerwärme, veränderte Rezeptur des Fertigfutters, Unverträglichkeit (z. B. Weizen), ungewohntes Futter (Was gibt der Nachbar dem Hund durch den Zaun?), zu viel Fett, Zucker, Honig oder Milch im Futter, verdorbenes oder kaltes Futter, Vergiftung (z. B. durch Flohmittel, Giftköder, Putzmittel), Viren, Bakterien, Allergien, Bauchspeicheldrüsenprobleme, Darmparasiten, Darmentzündung. Als Erste Hilfe kann man es mit dem homöopathischen Mittel Nux vomica probieren, auch bei Brechdurchfall. Mit Joghurt »mild« können nach Durchfall die Darmbakterien wieder aufgebaut werden. Als erstes Futter bekommt der Hund gekochtes Geflügelfleisch mit weich gekochtem Reis, am besten Baby-Reisflocken. Kommt es häufig zu Durchfall, sieht man Blut im Stuhl, verliert der Hund an Gewicht oder ist der Durchfall nach drei Tagen nicht behoben, gehört der Vierbeiner in die Hände des Tierarztes.

Fieber messen geht so: Digitalthermometer mit Vaseline oder Melkfett einfetten, in den After stecken.

Normaltemperatur nach einer Minute: ca. 38–38,5 °C, Welpen etwas höher; Fieber: ab 39 °C; Lebensgefahr: ab 41,5 °C.

Wenn ein Hund sich zurückzieht oder versteckt, kann eine beginnende Erkrankung der Grund sein.

Gut zu wissen

Nach einer Kastration können sich nicht nur Charakter und Fell verändern, schlimmer noch sind Herzprobleme und Inkontinenz (Harnträufeln bei Rüde und Hündin), weil den Muskeln die Kraft fehlt. Auch durch Muskelschwäche in den Beinen (der Hund rutscht weg) kann lebenslang die Gabe von Medikamenten nötig werden. Das sollte man sich gut überlegen! Armer verweiblichter Rüde, der dann auch noch von anderen Rüden bestiegen wird!

Kastration – laut Tierschutzgesetz verboten!

Leider ist es immer noch weitverbreitet, gesunde Hunde kastrieren zu lassen, um sich »die Last mit der Läufigkeit« zu ersparen, Trächtigkeit zu verhüten bzw. um es mit einem Rüden leichter zu haben, der dominant andere Rüden bespringt.

Das Abschneiden von Körperteilen und das Entfernen von Organen ist verboten, wird aber von Tierärzten noch gemacht, wenn es ihnen ums Geld geht. Ausnahmen sind eine medizinische Indikation und das Verhindern unkontrollierter Fortpflanzung, z. B. bei wilden Katzen. Das Verbot hat medizinische und ethische Gründe. Männern wird bei dem Gedanken an das Abschneiden der »Familienjuwelen« nicht ohne Grund mulmig. Lassen Sie Ihren Hund bitte so sein, wie er von Natur aus ist. Ein Rüde ist nach einer Kastration nicht automatisch leichter zu handhaben! Wenn er »alles besteigt, was nicht bei drei auf den Bäumen ist«, hilft Anti-Dominanz-Training und/oder bessere körperliche Auslastung. Evtl. kommt Platinum C200 in Frage, alle zwei

Häufiges Kratzen kann ein Hinweis auf Parasitenbefall sein. (Deutscher Schäferhund)

bis vier Wochen 5 Globuli. Auch ein anderes, für den Rüden genau passendes homöopathisches Mittel oder Bachblüten können helfen.

Flöhe, Zecken & Co.

Sobald der Hund sich auffällig kratzt, sucht man einen **Floh**, damit kein Massenbefall daraus wird. Man stoppt den Floh mit Speichel auf dem Finger, greift ihn mit einer Pinzette oder zwischen zwei Fingernägeln und drückt fest zu. Bei kurzem oder dünnem Fell kann man einen Flohkamm nehmen. Ein chemisches Flohmittel ist erst bei massivem Befall nötig. Organische Mittel und Duftöle wirken leider kaum. Wählen Sie ein Kontaktgift-Spray, das nur leicht (!) aufs Fell gesprüht wird. Bei Mitteln, die über die Haut aufgenommen werden und ins Blut gelangen (Tropfen, Halsbänder), sterben die Parasiten an ihrer Mahlzeit. Gefährliche Nebenwirkungen sind vorgekommen, auch mehrere zugleich: neurologische Ausfallerscheinungen, Zuckungen, Schaum vor dem Maul, Angst, Aggression, veränderte Leber-, Nieren- und Hormonwerte, Allergie, Juckreiz (der Hund kratzt sich blutig), Erbrechen. Kein Parasitenmittel verhindert, dass Flöhe und Zecken Hunde befallen. Vorbeugend kann man täglich die Bachblüte Crab Apple ins Trinkwasser geben und das Immunsystem stärken (Rohfutter). Bei Befall häufig staubsaugen, ggf. Dampfreiniger in alle Ritzen halten (Sofa, Fußleiste).
Zecken halten sich in hohem Gras, im Gebüsch und im Wald auf. Sie müssen nach jedem Spaziergang abgesammelt werden,

Eine Pinzette tötet Flöhe. Bei der Suche nach den Plagegeistern ist eine Stirnlampe nützlich.

weil sie schwere Krankheiten übertragen können, z. B. Borreliose, Babesiose, Ehrlichiose. Wer selten Zecken findet, sollte trotzdem täglich mit den Händen sanft suchend durchs Fell fahren und alle Körperstellen abtasten. Hat sich eine Zecke in der Haut verankert, muss sie schnell mit Zeckenzange oder Zeckenhaken heraus: Zecke am Kopf packen und ziehen. Desinfizieren Sie die Stelle mit einem Spray. Auch hier sollte man lieber zu einem Parasitenspray greifen, als die Zecken über das Hundeblut zu vergiften.
Milben, Läuse und Haarlinge sind kaum zu sehen. Finden Sie nichts, wenn der Hund sich kratzt, stellen Sie ihn bitte dem Tierarzt vor.

Peinlich

Als unerfahrene Hundehalter kamen wir aus dem Urlaub heim. Plötzlich entdeckten wir eine Verdickung neben der Hundenase, wie eine graue Erbse. Ein Fall für den Tierarzt. Lachend sagte der Doktor: »Das ist eine Zecke!«

Früh übt sich

Sozialverträglich, gelassen, selbstbewusst und friedlich wünscht man sich

einen Familienhund. Dafür muss man etwas tun. Hundeerziehung kann

großen Spaß machen, lässt sich aber nicht nebenbei erledigen. Der Welpe

merkt sich vom ersten Tag an, wie der Hase läuft.

Prägung auf Umweltreize

Im Idealfall ist das Hündchen bei einem Züchter aufgewachsen, der ihm schon ein bisschen die Welt erklärt hat. In einen Welpenauslauf gehören klappernde Blechdosen ebenso wie kleine Röhren zum Durchlaufen. Daran müssen Sie anknüpfen.

Daheim

Im neuen Zuhause braucht der Kleine viel Zuneigung, Berührung und jede Menge **Reize**, damit sich sein Gehirn gut entwickeln kann und er nicht abstumpft. Das wirkt sich auf motorische Fähigkeiten ebenso aus wie auf das Gefühlsleben.

Selbstbewusst im neuen Zuhause. (Bearded Collie)

Andererseits gehört eine Portion Stress dazu: positiver Stress durch Spielen, aber auch das Aushalten von Frustration beim Anlegen des Halsbandes, bei kurzem Alleinsein oder wenn das Hundekind etwas nicht bekommt, das es haben möchte. Ein junger Hund, der »in Watte gepackt« wird, verträgt später keinen Stress, z. B. Gewitter. Stärken Sie das Selbstvertrauen des Welpen, sodass aus ihm ein furchtloser Hund wird. Umweltreize sind für kleine Hunde genauso wichtig wie für kleine Kinder, um die Entwicklung zu fördern. Bis etwa zur 16. Lebenswoche lernt ein Hund besonders leicht. Führen Sie ihn einfühlsam an alles heran, was in seinem Alltag von Bedeutung ist. **Haushaltsgeräte** wie Staubsauger, Küchenmixer, Waschmaschine sollen von Anfang an zum Geräuschrepertoire gehören. Was er jetzt als positiv und ungefährlich kennenlernt, davor hat er später keine Angst. Wenn Sie einen etwas älteren Junghund zu sich genommen haben, der nie diese Dinge kennenlernen durfte (vielleicht weil er nur im Zwinger lebte), wundern Sie sich nicht über **Angst**. Ängstlichkeit ist ein großes Thema, das man sorgfältig angehen muss. Wird ein Hund von Kindern geärgert (in die Ohren gepustet, am Fell gezogen, in einen Raum gesperrt oder gar geschlagen, getreten), kann er zum Angstbeißer werden. Unzählige Hunde werden ins Tierheim gebracht, weil sie »plötzlich« gebissen haben – die Grenze des Erträglichen ist für den Hund irgendwann überschritten. Auch schlechte Erfahrungen beim Tierarzt können einen Hund angstaggressiv machen. Ängste breiten sich aus, Hunde übertragen Erfahrungen auf ähnliche Objekte und Situationen. Ein Hund, der heute bei einem lauten Rascheln erschrickt, kann morgen schon Angst vor dem Knistern eines Müllbeutels haben.

Lernerfahrung

Ein Jagdhund mochte seine Spielbeute kaum hergeben. Einmal hielt er die Zähne besonders fest zusammen. Um sich durchzusetzen, pustete die Halterin ihm aus sicherer Entfernung in die Nase. Sofort ließ der Hund los. Ein paar Tage später musste das Frauchen seufzen: »Puh!« Der Hund zuckte zusammen. Das war ein ähnliches Geräusch wie beim Nase-Pusten. Der erfahrenen Halterin wurde die Gefahr einer generalisierten Angst bewusst.

Mein besonderer Tipp

Je mehr ein Welpe gestreichelt und je mehr mit ihm geschmust wird, desto weniger besteht die Gefahr, dass er später aggressiv sein wird. Auch dies ist ein wichtiger Grund, einen Welpen nicht stundenlang sich selbst zu überlassen.

Beim Spaziergang

Draußen gibt es auch allerlei **aufregende Situationen,** die der Hund früh als normal kennenlernen soll: Straßenverkehr, lärmende Müllfahrzeuge, Menschenbeine in einer Fußgängerzone, den Ansturm von Kindern, Jogger, Bus-

Ängstliche Hunde brauchen viel Geduld. Sie müssen ermuntert werden.

Einige Rassen sind wasserfreudiger als andere. (Leonberger)

und Zugfahren, Besuch in einer Gaststätte usw. Auch das muss er in den ersten drei bis vier Lebensmonaten kennenlernen. Solange der Impfschutz noch nicht vollständig aufgebaut ist, muss man dafür sorgen, dass der Kleine zunächst ohne Bodenkontakt die Welt erkundet: auf dem Arm, im Einkaufs- oder Fahrradkorb. Aus einer Karre mit Maschendraht drüber kann man ein »Welpenmobil« bauen oder eine Hundebox in die Karre stellen. So bald wie möglich geht man mit dem jun-

gen Hund in **Geschäfte**, die keine Lebensmittel verkaufen (nur da sind Hunde erlaubt): Zooladen, Spielwarengeschäft, Baumarkt, Postamt, Buchhandlung, Apotheke. Auch mit **Wasser** soll der Welpe bald Bekanntschaft machen. Krempeln Sie ggf. die Hosenbeine hoch und gehen Sie mit einem schwimmfähigen Spielzeug voran in den See oder lassen Sie einen anderen Hund vorauslaufen. Bei **Angst vor unbekannten Objekten** neigen viele Hundehalter dazu, ihre Schützlinge zu streicheln. Das beruhigt zwar, lehrt den Hund aber: Hier stimmt was nicht. Schimpfen, Strafen, Zerren an der Leine verbieten sich von selbst, das verstärkt nur die Angst. Am besten geht man wortlos in einem Bogen um das Objekt herum.

Sozialpartner

Wie die Menschen und Tiere aussehen, mit denen der Hund leben wird, und wie sie sich verhalten, das soll der Welpe bis zur zwölften Lebenswoche (Sozialisierungsphase) lernen. Mit **Katzen** wird eine ruhige Annäherung geübt. Hund und Stubentiger müssen lernen, die fremde Körpersprache zu verstehen. Strikt verboten wird die Jagd auf Katzen und **Kleintiere** (Hamster usw.), sie könnten eine Beute darstellen. Fremde **Hunde** soll der Welpe vorerst nur von Weitem beobachten und sich nicht abschnüffeln lassen, Ansteckungsgefahr! Später wird er von Artgenossen auf der Hundewiese viel lernen. **Große Tiere** wie Kühe, Pferde, Schafe machen manch einem Hündchen Angst. Gehen Sie auf das Tier zu,

Gut zu wissen

Jäger schießen oft vorschnell auf angeblich wildernde Hunde. Auch grausame Schlagfallen gibt es immer noch, sogar an Waldwegen. Aufpassen!

streicheln Sie es und bieten Sie Ihrem Hund die Hand mit dem Geruch zum Schnuppern an. Das zeigt ihm: keine Gefahr. Ein Besuch im Wildpark oder Zoo wäre gut, aber informieren Sie sich bitte: Nicht überall sind Hunde willkommen.

Nie soll Ihr Hund die Erfahrung machen, welch ein Glückgefühl die Jagd auf **Wildtiere** auslöst. Es ist schwer möglich, ihm das wieder abzugewöhnen. Solange er nicht sicher gehorcht – auch wenn er Witterung aufgenommen hat! –, gehört er an die Leine, im Feld (Hase, Fasan, Ente) genauso wie im Wald (Reh, Fuchs, Dachs). Wenn ein Hund ein Tier tötet oder im Dachsbau feststeckt, ist das kein Spaß mehr. Leinen Sie bitte Ihren Hund in der Brut- und Setzzeit an. Sie variiert laut Jagdgesetz je nach Bundesland.

Hütehundrassen haben selten ein Problem, mit Kleintieren im selben Haushalt zu leben. (Collie)

Vorsichtige Annäherung an die andere Tierart. Da geht jedem Tierfreund das Herz auf.

Erziehung mit Liebe und Respekt

Da steht es, das Hündchen, sieht Sie mit leuchtenden Augen an – bereit, die Welt zu entdecken. Von Beschränkungen weiß es noch nicht viel.

Erziehung ist weit mehr als technische Anleitungen für »Sitz!«, »Platz!« usw. Wo gute Menschen sind, da ist ein gutes Zuhause, da fühlt der Hund sich wohl. Das ist wichtiger als alle Tricks und Kniffe der Erziehungsexperten. Die Erfolgsformel ist einfach: Gute Behandlung, guter Hund – guter Lehrer, guter Schüler.

Bausteine einer guten Erziehung

Um ein angenehmer Lebensbegleiter zu werden, muss der Hund eine Grunderziehung er-

Der Kleine hat sich auf den Rücken gerollt. Er signalisiert damit: »Bitte, tu mir nichts!«

halten. Mit einem unerzogenen Vierbeiner hat man wenig Freude, denn er

- macht Sachen kaputt.
- mimt den »König der Möbel«.
- bringt sich in Gefahr.
- zerrt an der Leine, zieht seine Leute hinter sich her.
- springt Menschen an.
- ist in der Öffentlichkeit nicht gern gesehen.

Von Fremden werden Sie viele »gute« Erziehungsratschläge bekommen. Bei einigen werden Sie das Gefühl haben, dass es so nicht geht. Hören Sie auf Ihr **Herz**! Wenn etwas »immer so gemacht« wurde, muss es nicht richtig sein. Glauben Sie auch nicht Experten, die sich lieblos über die Hundeseele hinwegsetzen. Man kommt nicht weit ohne Liebe, Konsequenz, Entschlossenheit, Geduld, Zuverlässigkeit, Einfühlungsvermögen und Demut gegenüber dem tierischen Gefährten. Ständig kommen neue Bücher auf den Markt, immer mit den neuesten wissenschaftlichen Erkenntnissen und Erziehungsmethoden. Manches, das gestern als richtig propagiert wurde, gilt heute als überholt. Bei Hundetrainern hat man oft nur die Wahl zwischen Hardlinern und Softies. Ein Hund braucht einen konsequenten und gleichzeitig liebevollen Chef, der die Richtung vorgibt – so sanft wie möglich, aber so energisch wie nötig. Worauf kann man sich verlassen? Auf Bewährtes, das sich auf Einfühlungsvermögen, Liebe und Respekt gründet. Wo Herz ist, da ist auch Gelingen.

Junge Hunde darf man nie zu etwas zwingen. Mit Verständnis, Ermunterung und Geduld kommt man in der Hundeerziehung viel weiter. (Rhodesian Ridgeback)

Nicht egal

Eine Lektion in Wertschätzung bekam eine Hundehalterin, als sie Rinderleber kaufte und sagte: »Egal, wie die Stücke aussehen. Es ist für den Hund.« Die Verkäuferin suchte trotzdem schöne Scheiben aus und meinte: »Er soll auch was Gutes bekommen.«

Seien Sie fürsorgliche, beschützende **Ersatzeltern**, ohne Gedanken an Unterwerfung und Chefgehabe. Sehen Sie die Welt mit den Augen des Hundes. Was ist ihm wichtig? Futter, Spaziergänge, Hundekontakte, »Zeitung lesen« an Bäumen und mit eigenen Duftmarken »Annoncen aufgeben«, Zuwendung, ein Kuschelplätzchen. Man darf Hunde ruhig ein wenig vermenschlichen. Sie sind Säugetiere

wie Menschen und »funktionieren« ziemlich ähnlich (Gehirn, Organe, Meridiansystem). Hunde blühen bei den gleichen Gefühlen auf wie Menschen: Liebe, Freude, Vertrauen. Macht man als Ersatz-Hundeeltern seine Sache gut, leben Mensch und Hund in Harmonie und verstehen sich ohne Worte.

Mein besonderer Tipp

Der Kleine wird Sie manchmal im Vorbeigehen anstupsen oder Ihnen um die Beine streichen. Damit sagt er »Hallo!« Zeigen Sie ihm Ihre Zuneigung, indem Sie ihm über den Rücken streichen, wenn Sie ihm begegnen.

Gut zu wissen

Es gibt
psychische Autorität:
Mit ruhiger Selbstsicherheit ist man ein zuverlässiger Chef und wird vom Hund geachtet.
physische Autorität:
Wer es nötig hat, sich mit dem »Recht des Stärkeren« durchzusetzen, laut zu werden und heftig zu strafen, ist ein Tyrann und wird nicht respektiert. Der Hund kann sich dann dazu berufen fühlen, einen besseren Chef abzugeben.

Mit kleinen Ritualen wird man ein eingespieltes Team. Dieser Hund zeigt freudigen Gehorsam.

Vom ersten Tag an wird eine **Bindung** aufgebaut. Durch liebevollen Körperkontakt, Spiel, Spaß und einfühlsame Erziehung wird das Band zwischen Mensch und Hund fester. Kleine **Rituale** geben dem Hund Halt, z. B. ein »Sitz« vor dem Anleinen und bevor der Napf hingestellt wird. Kommt Frauchen vom Einkaufen (»Beutezug«!), gibt es fürs Bravsein ein Leckerli. Kommt Herrchen von der Arbeit, schenkt er dem Hund auch was Feines. Vor dem Schlafengehen zeigt ein Gutenachtkeks dem Hundekind, wie lieb man es hat. Pünktliche Spaziergänge und Futtergaben werden zur zuverlässigen Routine.

Haben Sie **Achtung** vor Ihrem Hund. Gehen Sie auf seine Bedürfnisse und Körpersprache, auf seine Seele ein. Hören Sie ihm mit dem Herzen zu. Wenn ein Hund etwas nicht möchte, hat er dafür Gründe. Achtung kann auch bedeuten, den kleinen Liebling dösen zu lassen, wenn er im Weg liegt. Machen Sie sich aber nicht so zum Diener Ihres Hundes, dass er meinen könnte: »Alles tanzt nach meinem Gebell!« Dann wären Probleme vorprogrammiert, z. B. könnte er Sie beißen, wenn Sie »seinen« Sessel beanspruchen. Achtung und Respekt beruhen auf Gegenseitigkeit. Sagen Sie zu Ihrem Hund auch »bitte«, »danke« und »entschuldige«. Manch ein Hundehalter erkennt mit Demut, dass sein Hund klüger ist als er selbst, z. B. ein untrügliches Gespür für Freund und Feind hat.

Verschaffen Sie sich von Anfang an **Respekt**. Hundeerziehung steht und fällt mit der Ausstrahlung der Leitfigur. Verlassen Sie sich nicht auf Aussagen in Hundebüchern, jeder Hund wolle seinem Herrn gefallen. Respekt,

Bindung, Vertrauen, Loyalität (die sprichwört-liche Treue des Hundes) und Liebe muss man sich verdienen durch

- Schutz
- Geborgenheit
- Verständnis
- Konsequenz
- als Vorbild
- mit leisen, aber deutlichen Worten.

Wer den Respekt eines Hundes hat, braucht keine Angst um die Wurst auf dem Tisch zu haben. Möchte ein gut erzogener Hund etwas tun, das er nicht tun soll, reicht ein Blick oder ein Räuspern. Jeder weiß, wie sich Respekt und Liebe anfühlen, und kann mühelos dieser Leitlinie folgen. Auch größere Kinder können dem Hund Anweisungen geben. Sind sie klar und deutlich, wird er sie ausführen. Kleinen Kindern gehorchen Hunde eher nicht. Erziehungsübungen macht man am besten mit **Motivation** zur Zusammenarbeit, völlig ohne Druck. Also nicht dem Hund zum »Sitz« das Hinterteil niederdrücken. Druck erzeugt immer Gegendruck. Wer sich mit Ruhe und Souveränität Respekt verschaffen kann, be-kommt einen Hund, der ihn mit Liebe achtet und gehorsam sein *möchte*, nicht *muss*.

Statt ihn mit Dominanzgehabe zu wecken, kann er beim Aufwachen vom Sofa geschickt werden.

Wunderbar motivierend ist Clickertraining. Dabei erarbeitet der Hund sich das, was der Mensch von ihm wünscht. Motivation wird oft mit Erpressung verwechselt: Hält man dem Hund ein Leckerli hin und fordert »Sitz!« (»Du bekommst es erst, wenn du sitzt!«), setzt man ihn unter Druck. Ein selbstbewusster Hund lässt das nicht lange mit sich machen. Geben Sie ihm lieber vor den Übungen einen Hap-pen, damit er in freudige Stimmung kommt. Nun weiß er: Es ist an ihm, etwas zu leisten. Die Stimmung des Menschen überträgt sich

Der Hund soll	Er soll nicht
• wollen	• müssen
• freiwillig etwas tun	• zwangsweise gehorchen
• spielerisch seinen Job machen	• arbeiten, seine Pflicht erfüllen
• den Wunsch haben, es dem Menschen recht zu machen (dafür wird er belohnt)	• nur gegen »Bezahlung« etwas tun (Bestechung mit Leckerli)
• ein positives Gefühl haben	• ein negatives Gefühl haben

Vorbildlich: Hat man die Aufmerksamkeit des Hundes, klappt alles wie am Schnürchen.

In so manch einem »Gebrauchshund« steckt ein eingeschüchtertes Seelchen. (Boxer)

auf den Hund. Fröhliche Menschen haben fröhliche, lernbereite Hunde. Lachen hebt die Stimmung. Menschen und Tiere lernen am besten mit Liebe, Leichtigkeit und Freude. Ein besonnenes »Schön ruhig, Sandy!« verbreitet eine gute Stimmung und beruhigt einen bellenden Hund eher als ein gebrülltes »Sei jetzt endlich still!«. Nach einem aufgeregtem »Du blöder Mistkerl!« wird der Hund nicht freundlicher, wohl aber nach einem souveränen »Sei lieb, Ben«. Kinder können helfen, nette Worte zu finden.

Ein Hund soll seine **Persönlichkeit** entwickeln. Er darf nicht unterdrückt und nicht nur eingeengt werden (»Sitz!«, »Platz!«), sondern muss sich entfalten können. Den Charakter bekommt der Kleine zum Teil mit in die Wurfkiste gelegt. Das ist der Grundstock. Der Rest liegt bei Ihnen. Jeder bekommt den Hund, den er sich formt.

Sanftheit setzt sich mehr und mehr durch. Gequält und untergeordnet wurden Hunde viel zu lange, mit »Erziehungshilfen« wie Stachelhalsband, Reizstrom, Sprühhalsbändern (sie können zu schweren Problemen führen), Leinenruck, Schlägen, Drill, Im-Kreis-Laufen in der Hundeschule und diktatorischem Ton der Ausbilder. Wörter wie »Kommando«, »Befehl«, »abrichten« verwenden liebevolle Hundehalter nicht. Wie Kinder, so brauchen auch Hunde jemanden, der ihnen zu ihrem Wohl zeigt, was sie dürfen und was nicht. Hunde wünschen sich Leitlinien und eine gute Behandlung. Keine antiautoritäre, säuselnde Schnuffi-Mama für das Schätzelchen, aber auch keinen tyrannischen Herrn. Der Hund soll freudig und respektvoll gehor-

chen und sich nicht nach alter Diensthund-
manier fürchten und fügen.

Wenn Kinder von Erwachsenen »Befehle« auf-
schnappen und entdecken, dass sie Macht
über den Hund haben, gehen sie oft betont
streng mit ihm um. Sie befehlen z. B. immer
wieder laut »Sitz!« und »Platz!«. Der Hund ist
keine Maschine, die auf Knopfdruck funktioniert. Seien Sie Vorbild. Zeigen Sie Ihrem
Kind, dass ein Hund besser gehorcht, wenn er
eine Anweisung gut lernt und man ihn leise
und mit Sichtzeichen um etwas bittet.

Prägen Sie sich das Wort *sanft* fest ein, denken Sie in jeder Situation daran! Statt den
Hund einzufangen, am Halsband zu zerren
oder ihn anzuschreien, reichen Locken, Anstupsen, aufmunterndes Händeklatschen.
Von Ihren Händen darf nur Gutes kommen:
Futter, Streicheln, Lob. Hände geben **Vertrauen**. Ihr Welpe soll Ihre Hände lieben und
gern zu ihnen kommen. Ein Hund, der sich
vor den Händen seines Halters duckt, stellt
ihm kein gutes Zeugnis aus.

Konsequenz ist enorm wichtig:

- Der Hund soll sich an klare Worte und feste
  Regeln halten.
- Man muss zu seinem Wohl Grenzen setzen.
- Was heute erlaubt ist, ist auch morgen er-
  laubt.
- Was Herrchen erlaubt, soll Frauchen nicht
  verbieten.
- Dem Hund wird nie erlaubt, etwas vom
  Tisch zu nehmen.
- Nichts fordern, was man nicht durchsetzen
  kann! Schwäche würde der Hund erkennen.
- Meist genügt eine Warnung, wenn man
  merkt, dass der Hund etwas Verbotenes

Ein vertrauensvolles Verhältnis ist die beste
Erziehungsbasis.

tun will. Wenn er z. B. eine Pfote auf die
Tischkante legt, reicht ein »Na!« oder eine
leichte Berührung der Pfote.

- Mit »Hey!« sorgt man bei Ungehorsam für
  Blickkontakt und setzt eine Forderung
  durch.
- Sie können den Hund auch anknurren –
  eine Sprache, die er versteht.
- Widerspricht er, z. B. indem er sich mit
  einem Spielzeug in der Schnauze am Menschen vorbei durch einen Türspalt drängen
  will, versperrt man ihm den Weg mit ausge-
  strecktem Bein. Das ist besser, als nach
  ihm zu greifen; er könnte sonst scheu wer-

Mein besonderer Tipp

Es ist leichter, mit Beschränkungen anzufangen und mit der Zeit mehr zu erlauben, als später etwas Erlaubtes zu verbieten, z. B. das Benutzen von Möbeln.

den. Wenn er sehr dickköpfig ist, kann ein Aufstapfen die Machtbefugnisse verdeutlichen. Den Raum begrenzen kann man auch, indem man die Arme seitlich vom Körper abspreizt und mit den Handflächen nach vorn so auf den Hund zugeht, als wolle man ihn wegschieben.

- Wenn ein Hund etwas Verbotenes tut, hat das Folgen – immer! Wer dauernd »Nein!« sagt und bei Ungehorsam keine Aktion folgen lässt, wird nicht respektiert. Wirken Sie deutlich (aber nie mit Härte, nie laut) auf den Hund ein, möglichst innerhalb

Wenn ein Hund so guckt, erwartet er Strafe oder ist sich einer Missetat bewusst.

einer Sekunde. Das **Timing** von Korrektur (und Lob) muss exakt stimmen. Ist der Hund über einen bestimmten Punkt hinaus, hat man keine Chance mehr, z. B. wenn er bei Freilauf davonrennen will. Merken Sie sich diese wichtige Hunderegel an der Reaktion eines Huhns: Blitzschnell pickt es nach einem aufdringlichen Welpen; er lernt daraus, Hühner nicht zu belästigen.

- Seien Sie nie nachtragend! Sobald der Hund wieder brav ist, stellen Sie Ihre Stimme vom dunklen, bestimmenden Ton um auf helle Freundlichkeit. Wenn er etwas nicht hergeben will, beeindruckt ihn z. B. ein dunkles »Aus!« – nach dem Loslassen kommt sofort ein zuckersüßes »Prima!«.

Belohnen und loben sollten Sie Ihren Welpen öfter als tadeln. Geben Sie großzügig Leckerchen. So verbindet er Gehorsam mit einem guten Gefühl. Nehmen Sie sehr kleine Happen, z. B. Trockenfutter-Brocken (zum größten Teil), geviertelte Milchdrops, kleine Stücke von Halbfeuchtfutter-Ringen oder winzige Fleischstücke. Auch jedes Streicheln, jeder Körperkontakt und jedes liebe Wort ist eine Bestätigung. Schmackhafte Belohnung verwendet man vor allem zum Lernen. So, wie der Kleine früher der Milchquelle seiner Mama nachlief, soll er nun Ihnen als Futterquelle nachlaufen. Später wird nur noch ausnahmsweise mit Futter belohnt. Es geht ja um eine Bindung an den Menschen, nicht an die Leckerlitüte. Mehr und mehr baut sich eine positive Stimmung auf. Sie ermöglicht Fortschritte. Nie darf unerwünschtes Verhalten belohnt werden. Unüberlegt sagt man vielleicht: »Nun lass das mal schön sein«, und streichelt den

Hund. Er versteht das als »Gut gemacht!«. Fortschrittliche Erzieher setzen auf **Korrektur statt Strafe**. Achten Sie darauf, dass Ihnen nie die Hand »ausrutscht«! Gewalt ist niemals die Lösung! Kein Lebewesen braucht es, geschlagen, getreten oder im Nacken geschüttelt zu werden. Das Wesen des Hundes darf man auf keinen Fall durch schmerzhafte Züchtigung brechen. Strafe erzeugt Stress – Stress verhindert das Lernen – also: Strafe ist unsinnig. Unerwünschtes Verhalten ignoriert man möglichst. So merkt der Hund: Fehlverhalten bringt nichts ein. Eingreifen und korrigieren müssen Sie,

Er überlegt noch. Solche Situationen muss man mit dem jungen Hund trainieren.

- wenn Gefahr droht: Der Hund will z. B. auf die Straße laufen, aus einer Pfütze trinken, am Wegrand etwas Fressbares aufnehmen (es könnte vergiftet sein), an Kot oder Aas schnuppern. Dann ist ausnahmsweise als schnelle Reaktion ein Leinenruck okay.
- wenn der Hund Dinge beschädigt, z. B. Möbel ankaut.
- wenn er sich über ein Verbot hinweggesetzt hat und weiß, dass er etwas falsch macht. Liegt er z. B. auf dem Sessel, obwohl er das nicht darf, befördern Sie ihn wortlos hinunter.
- wenn er andere bedroht: Schon ein Welpe darf nicht schnappen! Legen Sie ihm Ihre Hand über die Schnauze: den Daumen auf eine Seite, die übrigen Finger auf die andere Seite. Fest zupacken, wenn nötig. Dieser »Schnauzengriff« nach Wolfsart weist dem Hund seinen niedrigen Rang zu.
- Hat ein Hund Mitglieder der Familie angegriffen, sperrt man ihn in ein anderes Zimmer. »Ausschluss aus dem Rudel« ist eine

artgerechte Rangzuweisung, denn Alleinsein gefährdet das Überleben. Das steckt Hunden in den Genen und wird als harte Disziplinierung empfunden.

Schimpfen (»Nein!«, »Pfui!«) ist nur sinnvoll, wenn man den Übeltäter auf frischer Tat ertappt, z. B. wenn er sich an den Keksen auf dem Tisch bedient. Bei Aufsässigkeit fehlt es dem Hund an Respekt, d. h., die Zweibeiner waren nicht konsequent genug.

Ein wichtiger Merksatz:

Lieber belohnen, was der Hund tun soll, statt zu bestrafen, was er nicht tun soll. Daraus resultieren Freude und Vertrauen statt Angst und Misstrauen.

Strafmittel meiden! Erziehung darf keine Schmerzen verursachen. Wer es nötig hat, seinen Hund zu unterdrücken und zu traumatisieren, muss sein Versagen als Leitfigur eingestehen. Mit Wurfkette, Wurfscheiben, Schreckdose, Strafe auf Knopfdruck (Reizstrom, Sprühhalsband), Stachel- und Würgehalsband usw. handelt man sich nur neue Probleme ein! Durch Strafreize lernt der Hund z. B. nicht, andere Hunde zu ignorieren, sondern wird Panik vor dem nächsten Reiz entwickeln, womöglich sogar Angst vor dem gleichzeitigen »Nein!« haben. Wenn ein Hund sich aus Angst vor Strafe fügt, ist das kein echter Gehorsam, sondern Meideverhalten. Strafe richtet in der Seele enormen Schaden an und zerstört das Vertrauen.

- Druck (z. B. Leinenruck, Schimpfen),
- Drohung (»Du tust, was ich dir sage, oder ich werde ...!«),
- Zwang (z. B. Niederdrücken)

lassen den Hund nur widerwillig tun, was man möchte. Verknüpft er Gehorsam mit Schmerz, wird er scheu. Angst kann sich aufstauen.

Solch ein Hund ist oft kurz vor dem Explodieren, vor dem Beißen – oder er gibt sich selbst auf und wird ein Bild des Jammers. Ein Hund soll kein unterwürfiger Kriecher sein.

Kein Vorbild

Ein Hundeausbilder begegnete mit seinen Schäferhunden einem Terrier, der sie anbellte. Die »bestens ausgebildeten« Schäferhunde dachten nicht daran, sich bei solch einem Reiz hinzulegen. Sie bekamen Schläge mit der Leine. Schließlich kauerten sie sich hin. Die Angst war an der Körperhaltung der gepeinigten Tiere leicht zu erkennen. Als sie aufstehen durften, fiel einer über den anderen her – Stressabbau.

Allenfalls bei einem extrem »harten« Hund, dem ein Verbot nicht imponiert, kann ein Schreckmittel eingesetzt werden, um ihn abzulenken und aus einer – womöglich gefährlichen – Situation herauszuholen. So merkt er, dass seine Weigerung Konsequenzen hat. Wichtig ist, dass der Hund es nicht als Angriff auf sein Leben deutet; das wäre ein großer Vertrauensbruch. Sensible Hunde werden durch Schreckmittel leicht allgemein schreckhaft. Lieber darauf verzichten, als einen Fehler zu machen, der schwere Folgen haben kann! Eine Hundeseele ist schnell kaputt gemacht, Heilung ist oft über Jahre nicht möglich. Lassen Sie sich nicht von brutalen Trainern täuschen, bei denen man denkt, das Ergebnis sehe »einfach toll« aus. Bei näherem Hinsehen gibt ein so »therapierter« Hund ein erschütterndes Bild ab. Versuchen Sie es lieber mit positiver Ablenkung, z. B. Spielen.

Körpersprache und Stimme

Ein Hund drückt Gefühle so ehrlich und klar aus wie kleine Kinder, vor allem mit Gesicht und Körper. Dadurch wird er in seinem Verhalten berechenbar. Viel kann man ihm von den Augen ablesen. Wo sein Blick hingeht, dahin geht sein Wunsch: zum Futterschrank, zum Spielzeug, zur Leine. Eine offene oder geschlossene Schnauze, ein steifbeiniges oder lockeres Auftreten kann viel darüber aussagen, was in seinem Kopf vorgeht. Lernen Sie, Ihren Hund zu »lesen«. So werden Sie und Ihre Kinder im Umgang mit dem Hund sicherer. Es kommt dann weniger zu Missverständnissen.

Jedes einzelne Signal der Hundesprache muss in Zusammenhang mit den anderen Zeichen des Körpers gedeutet werden, z. B.: Ein Hund, dessen Körper nach hinten gerichtet ist und der die Zähne fletscht, zeigt Angst und Angriffsbereitschaft – ein »Angstbeißer«, der nicht in die Enge getrieben werden darf. Vor allem die **Anzeichen von Aggression** sollte man kennen. Knurren ist eine Warnung. Hält der Hund das Maul geschlossen und steht er – ggf. nur kurz – steif da, kann er jeden Moment angreifen. Verhalten Sie sich dann wie ein freundlicher Hund, nicht wie ein angespannter oder gar aggressiver. Schimpfen Sie nicht auf den Hund ein. Starren Sie ihn nicht an. Bleiben Sie nicht genauso steif stehen wie er. All das würde seine Angriffsbereitschaft verstärken. Schützen Sie auch bedrohte Personen oder Tiere, indem Sie freundlich bleiben und die Situation durch Ablenkung entschärfen, statt böse zu werden.

Dieses Foto spricht Bände. Der Hund rechts droht zurückhaltend (Zähne gebleckt, aber nur halb geöffnetes Maul, Körper nach hinten, Ohren zur Seite). Der kleinere Hund will ihn beruhigen: Er möchte ihm das Maul lecken, auch seine zurückgelegten Ohren bitten um Frieden.

Mein besonderer Tipp

Liebt Ihr Hund Quietschtiere? Nehmen Sie aus einem kaputten Spielzeug die Quietsche heraus. Wenn Sie den Hund bei etwas Unerwünschtem unterbrechen wollen, blasen Sie in die Quietsche und rennen weg – der Hund wird Ihnen vermutlich nachlaufen.

Kleiner Sprachführer
(bei Ohren und Schwanz sind Abweichungen je nach Rasse möglich)

Lefzen
- weit zurückgezogen: Freundlichkeit (Schneidezähne sichtbar) oder unterwürfiges, ängstliches, defensives Grinsen
- halb nach hinten: angespannt bis aggressiv, oft zu beobachten bei Zerrspielen
- Lefzenwinkel nach vorn: dominant, drohend, offensiv; Steigerung: mit durchdringendem Blick, erstarrtem Körper

Ohren
- aufgerichtet: aufmerksam
- zurückgelegt: vorsichtig, ängstlich, angstaggressiv
- deutlich herabhängend: traurig, lustlos

Schwanz
- aufrecht oder über den Rücken nach vorn gebogen: dominant, imponierend, stolz
- niedrig getragen, zwischen die Beine geklemmt: ängstlich
- wedelnd: entspannt, freundlich (locker schwingend), ängstlich (kurze Schwanzschläge), aufgeregt (heftiges Hin und Her), große Freude (Hinterkörper wedelt mit)

Kopf
- in den Nacken geworfen: stolz, trotzig
- gesenkt: traurig, enttäuscht
- vorgestreckt und gesenkt: auf der Lauer

Augen
- Hund sucht Augenkontakt: Aufmerksamkeit, Respekt
- Blick zur Seite: unsicher, möchte beruhigen
- Ein eiskalter, starrer Blick, ein freundlicher oder ein panischer Blick lässt sich beim Hund genauso erkennen wie bei Menschen.
- Sollte Ihr junger Hund langes Stirnhaar bekommen, kürzen Sie es, um auf die Augen-Kommunikation nicht zu verzichten – auch dem Hund zuliebe. Er kann sich dann mit Artgenossen besser verständigen und von ihnen besser eingeschätzt werden.

Zunge
- Lecken von Gesicht, Hand: »Schnauzenzärtlichkeit«
- Lecken anderer menschlicher Körperteile: freundlich, einschmeichelnd, pflegend (Verletzung)
- kurzes Lecken über die eigene Nase: unsicher oder (wenn ranghoch) will die Situation neutralisieren
- deutliches Lecken um die Schnauze: möchte Futter oder Leckerli

gähnt, hechelt, blinzelt, kratzt sich
- kompensiert Stress

Eine freundliche Begrüßung. Der Hund rechts ist der dominantere von beiden.

Vorder-
pfote
- angehoben: Bettelgeste, Aufforderung, Bitte um Schutz, Vorstehverhalten (Jagdhund)
- liegend vor die Brust gezogen: innerer Rückzug

Körper
- nach rückwärts gerichtet: unsicher, fluchtbereit
- nach vorn gerichtet: will vorsprinten, je nach Situation auch angriffsbereit
- Vorderkörper-Tiefstellung: möchte spielen

- plötzliches Erstarren des Körpers: angriffsbereit oder panisch

Stimme
- dunkle, kräftige, tiefe Laute: Drohung
- helle, leise, hohe, welpenhafte Laute: freundlich oder ängstlich, Schmerzen
- Wenn der Hund einen Wachposten am Fenster einnehmen darf, erkennt man an seiner Stimme, ob der Postbote kommt oder netter Besuch.

Aufforderung zum Spielen. Gleich rennen sie los.

Steht beim Spaziergang ein aggressiver Hund vor Ihnen: Nicht wegrennen (er wäre schneller), nicht drohen, sondern Friedfertigkeit signalisieren: Sehen Sie am Hund vorbei, höchstens auf die Pfoten oder den Schwanz, machen Sie einen Bogen um ihn oder gehen Sie langsam rückwärts fort.

Unverstanden

Auf einem Feldweg kam ein Yorkshire Terrier ohne Leine einem großen Hund entgegen. Der Halter ging vorbei, das Hündchen blieb stehen: Ohren angelegt, Körper nach rückwärts gerichtet, mal ein Schritt vor, dann wieder zurück. Herrchen rief: »Komm!« – erst bestimmt, dann böse, dann wütend. Der Hund hatte deutlich mit seinem Körper geantwortet: »Ich möchte ja, aber ich trau mich nicht!«

Die **Körpersprache des Menschen** ist ebenso bedeutsam. Hunde achten eher auf Körperbewegungen als auf Worte. Ein Beispiel: Man

Handlungen des Hundes deutet man so:

Der Hund
- legt Spielzeug ins Körbchen: »Das ist meins!« Vorsicht, wenn Kinder in die Nähe kommen!
- kratzt im Körbchen, dreht sich im Kreis: Schlafkuhle und Wirbelsäule vorbereiten (Relikt aus Wolfszeiten).
- verbuddelt Nahrung: ist satt, versteckt eine Notration.
- legt seine Pfoten auf den Rücken eines Hundes: will dominieren oder beruhigen (z. B. nach rasantem Spiel).
- besteigt andere Hunde ohne Deckabsicht: will seinen hohen Rang demonstrieren. Macht er das an Ihrem Bein, entziehen Sie

ihm Privilegien (Sofabenutzung usw.), um ihm seine niedrige Position in der Familie zu zeigen.
- legt sich auf den Rücken: ängstlich oder unterwürfig, beim entspannten Hund ein Zeichen von Vertrauen (vielleicht mit der Bitte um Bauchstreicheln).
- liegt auf dem Rücken, gibt wohlige Laute von sich: Lebensfreude, mit strampelnden Beinen ggf. Bewegungsmangel.
- »Unterwerfungspinkeln« in Rückenlage: Stress, z. B. beim Heimkommen eines Familienmitglieds. Die Angst muss genommen, das Selbstbewusstsein des Hundes aufgebaut werden.

beugt den Körper ein wenig vor und lockt den Hund – er wird eher zurückweichen als kommen. Wie man den Kopf hält, den Körper dreht usw., das sagt dem Hund sehr viel. Hunde sind gute Beobachter, achten auf Blicke, Gesten, Geräusche und ziehen Schlüsse daraus. Wird die Tür vom Leckerli-Schrank geöffnet, ist ein pfiffiger Hund zur Stelle. Zum Fressen braucht man ihn ebenfalls nicht zu rufen. Er lernt auch, dass ein Spaziergang folgt, sobald Herrchen am Sonntag nach dem Frühstück den Fernseher ausmacht, und das Abschaltgeräusch des Computers wird zum Signal für ein Spiel im Garten.

Dominantes Verhalten der Menschen kann den Hund verunsichern. Bei solchem Stress kann er »vergessen«, wie das noch mal war mit dem »Sitz«. Manchmal verhält man sich ungewollt dominant und versteht nicht, warum der Hund missmutig reagiert:

- Man sieht ihm in die Augen. Besser: auf die Pfoten sehen.
- Man kommt frontal auf den Hund zu. Besser: den Körper zur Seite drehen.
- Man beugt sich über den Hund und tätschelt ihn auf dem Kopf. Besser: in die Hocke gehen und am Kinn oder seitlich am Kopf streicheln.
- Klopfen auf den Kopf empfinden Hunde nicht als Lob oder Dank, sondern als Dominanz.
- Umarmungen sind Hunden oft unangenehm, sie wenden den Kopf ab.

Dominanzverhalten kann man gezielt einsetzen, um dem Hund Grenzen zu setzen. Man sieht ihm z. B. in die Augen, bis er den Blick abwendet.

Es ist eine Unsitte, Hunde ständig an allen Körperstellen zu **streicheln**. Unruhiges Kraulen und Klopfen macht Hunde nervös. Streicheln sollte man seitlich am Kopf, am Kinn, an der Brust, am Bauch, Rücken, Schwanzansatz. Empfindlich sind Pfoten, Beine, Geschlechtsteile.

Sprechen Sie liebevoll, leise und sanft mit dem Welpen. Verwenden Sie eine

- hohe Stimmlage für Lob und Nettigkeit
- tiefe Stimmlage bei Missfallen.

Seien Sie nicht übermäßig streng, aber immer glaubhaft, konsequent und durchsetzungskräftig. Ein »Komm!« klingt ganz anders als »Komm mal her ...« Ein halbherziges »Bleib mal schön stehen« wird der Hund nicht so ernst nehmen wie ein gut gelerntes »Stopp!«. Hunde begreifen, dass Sätze mit »mal« nicht so ernst gemeint sind. Sie verstehen auch, dass nach »mal« etwas Unangenehmes folgen kann, z. B. nach »Zeig mal deine Zähne!« das Sauberkratzen mit dem Zahnsteinschaber.

So ist es richtig: Der Hund wird nicht bedrängt. Er bleibt entspannt und lächelt freundlich.

Wichtig

Vor allem Kinder dürfen nicht von vorn auf den Hund zustürmen, ihn nicht bedrängen, anstarren, auf den Kopf klopfen oder fest umarmen. Er könnte sich bedroht fühlen und/oder das Kind zurechtweisen und beißen.

Experten gestehen dem Hund die **Intelligenz** eines drei- bis siebenjährigen Kindes zu. Nach meiner Erfahrung denken Hunde sehr viel weiter, sie haben eine weise Seele. Achten Sie bitte vor allem im ersten Hundelebensjahr auf klare Worte. Sonst versteht der Kleine so wenig wie Sie von einer Fremdsprache. Hat Ihr Welpe die Bedeutung einiger Wörter gelernt und haben Sie seinen Respekt und seine Liebe, können Sie in kurzen Sätzen sprechen.

»Nicky, komm bitte rein« klingt schöner als »Hierher!«. Hinweise wie »Geh zu Sarah« lernt der Hund nebenbei, wenn Sarah beim Heimkommen immer einen Hundekeks spendiert. Will der Hund mehr als einen Keks, muss er »Genug!« lernen. Wenn er Wörter wie »lauf«, »schnell«, »runter« (vom Sofa usw.) und die Namen der Familienmitglieder begriffen hat, kann man ihm auch z. B. beim Aufenthalt in der ersten Etage sagen: »Lauf schnell runter zu Herrchen!« Er wird die bekannten Wörter heraushören und sich an Situation, Tonfall und Körpersprache orientieren. Alle Spielzeuge bekommen Namen. Beim Spiel mit der Familie kann der Hund »Bring den Ball zu Johannes« usw. lernen. Hunde können auch Begriffe verallgemeinern, z. B. »Such Spielzeug!«, wenn allerlei im Garten herumliegt und er sich etwas aussuchen soll. Auch Fragen kann man bald stellen, z. B.: »Musst du

Spielerisch kann man die Intelligenz des Hundes fördern. Ballspiele müssen nicht langweilig sein.

raus?« (wenn er »raus« kennt). Läuft er zur Tür, bedeutet das »ja«. Beim Spaziergang bringt man ihm bei: »rechts«, »links«, »weiter« (oder »geradeaus«).

Beim Suchen von Spielzeug hilft man dem Hund mit »Da!« und Fingerzeig. Auch »Da nicht!« kann er begreifen, z. B. Beinheben an Mülltonnen. Vielleicht versteht Ihr Hund eines Tages wirklich fast jedes Wort. Sichtzeichen helfen ihm dabei, z. B. ein erhobener Zeigefinger für »Sitz!«. Manche Sichtzeichen erfordern keine Worte. Man kann dem Hund eine leere Handfläche zeigen, sie bedeutet: »Ich hab kein Leckerli in der Tasche.« Dass Kopfschütteln »nein« bedeutet, bedarf keiner speziellen Übung. Rund 100 Wörter und Sichtzeichen können Hunde leicht lernen, mit Training mehr. Sichtzeichen sind auch als Altersvorsorge wichtig, wenn das Gehör nachlässt.

Geben Sie **Anweisungen** nur einmal, nicht: »Sitz – sitz – sitz!« Sonst wird Ihr Hund sich fragen, was das soll, oder aufs letzte »Sitz« warten. Spielen Sie mit Kindern »Hundeflüsterer«. Alle werden staunen, wie aufmerksam der Vierbeiner bei leisen Worten sein kann. Je weniger man spricht, desto folgsamer ist der Hund: Er beachtet Sie. Man kann auch eine Weile schweigen, es gibt nur Blicke und Handzeichen. Das führt zu ganz neuen Erfahrungen – sehr wirksam auch, um kleine Übeltäter zu beeindrucken!

Die **Wahrnehmung** der Hunde ist ein wenig anders als die der Menschen. Die Augen spielen keine große Rolle. Beim Farbensehen wird eine Rot-Grün-Schwäche vermutet. Hundenasen und -ohren sind dagegen um ein Vielfaches leistungsstärker als Menschennasen

Falls Ihr Hund ein rotes Spielzeug im Gras nicht findet, probieren Sie mal ein blaues.

und -ohren. Wundern Sie sich also nicht, falls Ihr Hund es im Kinderzimmer bei lauter Musik nicht aushält oder wenn er ein Spielzeug nicht findet, das Sie deutlich sehen.

Mein besonderer Tipp

Wichtig ist »Geh nach Hause«. Falls der Hund einmal wegläuft, werden fremde Menschen das zu ihm sagen. Zum Üben geben Sie diese Anweisung beim Heimkommen an der Haustür, dann immer weiter entfernt.

Das kleine Hundeeinmaleins

Je mehr ein Hund lernt, desto leichter und angenehmer wird das Zusammenleben. Erziehung beginnt am ersten Tag. »Er ist doch noch so klein ...« gibt es nicht. Die eleganteste Art ist, den Hund zu beobachten und gewünschtes Verhalten zu belohnen, sobald er es von sich aus zeigt. Für Übungen sollte man die Zeit vor dem Füttern nutzen, ein voller Hundebauch interessiert sich wenig für Leckerli-Belohnungen. Verlangen Sie nicht zu viel. Der kleine Hund kann sich nur wenige Minuten konzentrieren. Die Anweisungen bleiben immer gleich, nicht heute »Sitz«, morgen »Setz dich hin«. Kinder können helfen, Worte und Sichtzeichen zu finden, z. B. für »Geh aus dem Weg« ein »Düüt!« wie eine Autohupe (damit ist der Hund auf hupende Autos vor-

bereitet) oder für »Komm« ein aufmunterndes Klopfen an den Oberschenkel.

Verbot und Bestätigung: »Nein!«, »Ja!«

»Nein!« ist das erste Wort, das ein Welpe lernen muss. Grenzen setzt man vor allem zu seinem Wohl. Der Kleine darf nicht an der Tischdecke ziehen, den Mülleimer plündern, seine Knabberzähnchen an Stuhlbeinen ausprobieren, im Rosenbeet eine private Baustelle anlegen, etwas Falsches fressen ... Ungehorsam hat Folgen – und sei es ein nasser Lappen, der aus heiterem Himmel aufs Hinterteil fliegt, wenn der Hund wiederholt am Tischbein kaut (aber nichts werfen, das zu Stress oder Schmerz führt!). Das wirkt besser als zehnmal ein halbherziges »Nein.« Mit »Nein!« (oder »Zurück!«) versperrt man dem Hund auch den Weg und schickt ihn in eine andere Richtung.

Mülleimer und Papierkörbe sind **tabu**. Der Hund soll respektieren: Das ist Menscheneigentum. Auch die Stofftiere der Kinder gehören ihm nicht. Ebenso können Räume oder Plätze zum Tabu erklärt werden: Sofa, Bett, Gästezimmer, Werkraum, Garage.

Mit **»Ja!«** lernt der Hund, dass er etwas gut macht. Sie können auch »Prima!« sagen. »Fein« ähnelt »nein«, kann zu Verwechslungen führen. »Feiiin!« in Babysprache klingt lächerlich und entwürdigt den Hund. Mit »Ja!« und »Nein!« kann man dem Vierbeiner bei Suchspielen Hilfe geben.

Schöne Bescherung! Mit dem Mülleimer lässt man junge Hunde lieber nicht allein.

Stubenreinheit: »Geh raus!«

Ein Hundebaby »muss« alle zwei bis drei Stunden sowie nach jedem Trinken, Fressen, Schlafen. Sobald der Welpe am Boden schnüffelt, zur Tür sieht, an der Tür steht, unruhig wirkt oder fiept, spätestens wenn er sich hinhocken will, trägt man ihn hinaus (nicht am Nackenfell!), möglichst auf ein Stück Rasen oder Erde.

- Macht er ein Geschäft in der Wohnung, unterbricht ihn ein »Nein!«. Sofort hinaus – egal, ob er fertig ist oder nicht.
- Hat er sich draußen erleichtert, wird er gelobt und bekommt ein Leckerli.

So merkt er, was erwünscht ist und was nicht. Ein Malheur darf man nie dem Hund anlasten! Man selbst hat nicht aufgepasst. Dass man Hundenasen nicht in Urin und Kothaufen drückt, dürfte sich herumgesprochen haben. Bleiben Sie ruhig. Bestrafen Sie den Welpen nie für Pfützen oder Häufchen in der Wohnung. Er würde daraus nichts lernen, eher Angst vor Ihnen bekommen und sich beim nächsten Mal heimlich in eine Ecke verdrücken, um ... Sie wissen schon. Beseitigen Sie das Übel wortlos. Nach ein bis zwei Wochen ist der Welpe stubenrein. Manche brauchen länger, das liegt dann meist an mangelnder Beobachtung. Wenn man den Welpen nach draußen trägt, kann man »Geh raus!« sagen. Bald versteht der Kleine das und rennt hinaus, wenn man vor ihm her läuft. Falls er nicht gleich kommt: auffordern mit Händeklatschen.

Diskrete Codewörter für das kleine bzw. große »Geschäft« sind sinnvoll, z. B. »Mach fix«, »Mach schön«, »Bein heben«, »See«,

Mein besonderer Tipp

Ihre Gedanken sollen mit Ihren Worten übereinstimmen. Denken Sie an etwas, das der Hund tun soll, nicht an etwas, das er unterlassen soll. Ein Hund spürt das, ebenso die Stimmung: Bei positiver Formulierung schwingt etwas Nettes mit, darauf reagiert er. Bei negativer Stimmung ist er eher renitent.

»Jetzt«. Zum Üben sagt man das Wort, während der Hund das Geschäft macht, nicht vorher. Später kann man ihn damit auffordern. Das ist besonders praktisch vor dem Schlafengehen. Sagen Sie zum Üben das Codewort aber nur gelegentlich. Sonst würde Ihr Hund vielleicht »eher platzen«, als sich ohne Aufforderung zu erleichtern.

Man kann den Kleinen an einen festen Löseplatz im Garten gewöhnen. (English Foxhound)

Gut zu wissen

Nie darf man einen Hund nach spätem Kommen bestrafen! Er würde denken, dass sein Kommen bestraft wird – und wird beim nächsten Mal erst recht nicht kommen. Auch wenn das Kommen mit einem dominanten Streicheln über den Kopf »belohnt« wird oder wenn der Hund heftig umarmt und gedrückt wird, ist das keine Motivation fürs nächste Mal.

Freudig kommen: »Komm!«

Am einfachsten ist es, »Komm!« zu sagen, wenn der Hund von sich aus kommt. Kommen wird er, wenn er den Menschen interessanter findet als das, was er gerade tut. Locken Sie ihn mit hoher Stimme. Hocken Sie sich hin, um kleiner zu wirken, so als hätten Sie sich entfernt. Wenn Sie stehen, drehen Sie Ihren Körper lieber ein wenig zur Seite als frontal zum Hund. Sichtzeichen:

- eine dem Hund einladend entgegengestreckte Hand (als wollte man ein Kind an die Hand nehmen) oder
- ein seitlich auf und ab bewegter Arm
- in der Hocke: ausgebreitete Arme mit Auf- und-ab-Bewegung.

Soll der Hund kommen und vor dem Menschen sitzen, nennt man die Anweisung »Hier!«. Dazu muss der Hund »Sitz« beherrschen. Man zeigt mit dem Finger vor sich auf den Boden. Oder: Der seitlich ausgestreckte Arm wird zur Brust geführt. Die flache Hand

Die ausgebreiteten Arme sind das Sichtzeichen für den Hund. Ein gut erzogener Junghund kommt auch ohne angebotenes Leckerli.

bleibt auf der Brust liegen, bis der Hund sitzt. Und wenn der Hund abgelenkt ist oder andere Pläne hat? Legen Sie nur ja nicht »Er wird doch nicht kommen« in Ihre Stimme! Das spürt ein Hund. Schimpfen Sie nicht, sondern machen Sie sich interessant: in die Hände klatschen, sich verstecken, mit einem Spielzeug quietschen, den Hund mit »Hey!« aus seinen Gedanken rufen. Dann ggf. weglaufen, sodass er folgt, weil er meint, etwas zu verpassen.

- Richtig: vom Hund weggehen. Das »zieht« ihn mit.
- Falsch: auf den Hund zugehen und steif stehen bleiben. Das wirkt bedrohlich, »drückt« ihn weg – oder er macht ein Fang-mich-Spiel daraus.
- »Vorstoß und Rückzug« macht den Hund neugierig: auf ihn zugehen, dann von ihm weg. Ein Wildtiererbe, das man sich zunutze machen kann.

Hilfreich ist eine höhere Stimmlage, allerdings ohne dass man sich zum Clown macht. Der Hund soll nicht auf Herumalbern reagieren, sondern aus Respekt kommen. Ist er bockig, lassen Sie ihn stehen, sagen »Tschüss!« (das bedeutet: »Gleich bist zu allein!«) und gehen weg. Kommt er nicht aus dem Garten ins Haus, schließen Sie die Tür und lassen ihn draußen. Beim nächsten Mal wird er es sich überlegen.

Das Wort »Komm« wird meist zu oft gesagt (auch: »Na, komm, sei brav« usw.), sodass manche Hunde nicht mehr darauf reagieren, sondern es als Standortmeldung interpretieren: »Du bist da – gut.« Verwenden Sie dann ein anderes Hörzeichen, z. B. »Zu mir!«.

Hinten im Kombi ist der Hund gut aufgehoben. Eine wasserfeste Decke macht es ihm bequem.

Ein guter Mitfahrer: »Auto fahren!«

Schon die Fahrt zum Impfen kann schwierig werden, wenn ein Hund nicht »autotauglich« ist. Manch ein Hund tobt im Auto herum, will die Scheibenwischer fangen, bellt Passanten an, zerlegt die Polster, zittert oder übergibt sich während der Fahrt. Bringen Sie Ihrem Welpen also bald bei, dass das Auto angenehm ist. Füttern Sie ihn vor der Fahrt nicht, sonst kann ihm schlecht werden. Sorgen Sie vor Fahrtantritt dafür, dass ihn keine »Geschäfte« drücken. Bei jeder Fahrt mitnehmen sollten Sie:

- Liegedecke
- Wasser, Napf
- Kotbeutel
- Erste-Hilfe-Set für Hunde
- Zeckenzange, Desinfektionsmittel
- kurze Leine, Auslaufleine
- Wurfspielzeug zum Austoben auf einer Wiese
- Handtücher (beim Spaziergang wird der Hund schnell schmutzig).

Gut zu wissen

Versicherungstechnisch ist man verpflichtet, Personen gegen »herumfliegende Ladung« zu schützen. Dazu gehören auch Tiere.

Heben Sie den Welpen ins Auto. »**Einsteigen**« wird zum Signalwort, ohne darf er später in kein Auto springen (Hundediebe!).
Sichern Sie Ihren Hund, damit er notfalls einen Unfall überlebt: mit Gurt und Geschirr, in einer stabilen Box oder hinter einem Gitter. Die unsichersten Plätze für Hunde sind auf dem Beifahrersitz, auf dem Schoß eines Mitfahrers, im vorderen Fußraum. Der Hund darf den Fahrer nicht behindern oder gar in den Bereich der Pedale gelangen. Fährt er angegurtet auf dem Rücksitz mit, wird eine wannenähnliche Decke (Fachhandel) zu einer wasserundurchlässigen Komfortzone, und der Hund kann nicht in den Fußraum.
Mit kleinen Leckerlis macht man dem Welpen das Auto schmackhaft. Die Fenster bleiben geschlossen, die Klimaanlage soll dem Hund nicht direkt ins Gesicht pusten (Bindehautentzündung). Springt der Kleine herum, beeindruckt ihn in diesem Alter noch ein Machtwort. Ein Beifahrer kann ihn auch mit Leine und Schnauzengriff korrigieren. Ein Hund, der sich **übergeben** muss, fühlt sich meist in einer Box am wohlsten. Außerdem schützt man so sein Auto vor Verschmutzung. Bitte nie schimpfen! Er kann nichts dafür. Ruhiges Streicheln und TellingtonTouch setzen den Stress herab. Allerdings kann man sich damit

auch einen Hund heranziehen, der »lernt«, dass das Auto Anlass für Angst vor einer Bedrohung gibt. Fahren Sie zum Üben nur ein kurzes Stück. Kehren Sie sofort um, falls er zu hecheln, speicheln, zittern, jammern oder jaulen beginnt. Wenn das nicht geht, machen Sie eine Pause. Bewegung baut Stress ab.
Gestresste Hunde müssen viel trinken. Reichlich Wasser und ein Napf sollten also im Auto sein, ebenso natürlich bei längeren Fahrten, z. B. in den Urlaub. In fremdem Gebiet bitte den Hund nicht von der Leine lassen, vor allem nicht in Straßennähe und auf einem Autobahn-Parkplatz.
Bei warmem Wetter darf man einen Hund nie ohne Aufsicht **im Auto lassen** – auch nicht, wenn das Auto im Schatten geparkt wird. Die Sonne wandert, und im Auto kann es schnell brütend heiß werden, Kreislaufkollaps droht! Bei schattigem Wetter eine Scheibe leicht offen lassen. Möglichst ein Frischluftgitter einsetzen, das auf Autoknacker nicht einladend wirkt.
Üben Sie schon mit dem Welpen, dass er nach der Fahrt nicht ohne **Aufforderung** aus dem Auto springt: »Sitz, bleib!«, warten, »Komm!« (den Welpen nehmen Sie auf den Arm). So vermeidet man Kollisionen mit Passanten, Radfahrern oder gar Autos, und der Hund läuft nicht unkontrolliert davon.

Brav sitzen: »Sitz!«

Sagen Sie »Sitz!«, wenn Ihr Welpe sich von allein gesetzt hat (nicht vorher!). Dafür sollten Sie immer ein paar Leckerlis in der Tasche haben. Wenn er sitzt, geben Sie ihm eins.

Man kann auch mit erhobenem Zeigefinger als Sichtzeichen einen kleinen Happen in der Hand halten. Der Hund wird danach schauen und sich vielleicht von selbst setzen. Falls nicht, gehen Sie auf ihn zu, bis er rückwärts irgendwo anstößt. Dort setzt er sich – und bekommt sofort die Belohnung. Mit dieser Übung bringt man einen Hund zur Ruhe. Springt er vor dem Anleinen aufgeregt herum, legen Sie die Leine wieder weg. Ohne »Sitz!« gibt's nichts: keinen Spaziergang, kein Leckerli. Sie werden sehen, wie brav er sein kann (Wollen statt Müssen!). Sinnvoll ist ruhiges Sitzen an der Bordsteinkante, allerdings nicht im Winter. Auch wenn Sie Kot einsammeln müssen, soll der Hund neben Ihnen sitzen, statt irgendwo zu schnüffeln. Später lernt er, sich ohne Hörzeichen automatisch zu setzen, wenn der Mensch neben ihm stoppt.

Das Sichtzeichen für »Sitz!«

Mitgedacht

Eine Hundehalterin erzählte: »Unser Sohn sollte unseren Hunden ein Leckerli geben, aber nicht ohne eine Übung. ›Sitz‹, sagte er. Unser kleiner Enkel setzte sich auch hin. Das macht er jetzt immer, wenn wir ›Sitz‹ sagen.«

Ruhig liegen: »Platz!«

Der Hund soll sich hinlegen, wo er sich gerade befindet. Gehen Sie genauso vor wie bei »Sitz!«: Der Welpe legt sich, Sie sagen sanft »Plaaatz« und belohnen ihn. Oder Sie nehmen ein Leckerli in die Hand und führen die Hand vor dem sitzenden Hund zu Boden. Die

So sieht das Sichtzeichen für »Platz!« aus.

Mein besonderer Tipp

Beim Spaziergang werden Ihnen viele Menschen dankbar sein, wenn Sie mit dem Hund zur Seite gehen und ihn dort ablegen: »Seite – Platz!«

Das Sichtzeichen für »Bleib!«. Während der Übung vergrößert man den Abstand zum Hund.

Hundenase folgt, schon liegt der Kleine. Die sich senkende Hand wird nebenbei zum Sichtzeichen. Falls er aus dem Sitz aufsteht, setzen Sie sich mit angewinkelten Beinen auf den Boden und führen die Hand mit dem Leckerli unters Knie: Da muss er sich bücken. Sobald der Bauch den Boden berührt, sagen Sie »Platz!« und geben die Belohnung frei.

Möchten Sie Ihren Hund zu einem bestimmten Platz schicken, verwenden Sie ein anderes Wort, z. B. »Decke«. Weisen Sie ihm mit einem Leckerli in der Hand den Weg. Sobald er an der gewünschten Stelle ankommt: »Decke – Platz!« Loben!

Eine Steigerung von »Platz!« ist »Down!« (sprich: »daun«). Dabei soll der Hund den Kopf auf den Boden legen. Er liegt dann noch fester.

Geduldig warten: »Bleib!«

Sagen Sie »Bleib!«, wenn Sie ein Zimmer verlassen. Als Sichtzeichen strecken Sie dem Kleinen auf Brusthöhe Ihre innere Handfläche entgegen und schließen einfach die Tür. Der Welpe muss Ihnen nicht ständig nachlaufen, weder aus Anhänglichkeit noch weil er etwas verpassen könnte. Wenn er das Sichtzeichen verstanden hat, lernt er, dass eine wortlos nach hinten ausgestreckte Hand ihn ebenfalls stoppen soll, wenn Sie von ihm fort gehen.

Mit dem **Bleiben an einem Platz** bekommen Sie den Hund unter Kontrolle. Zunächst soll er sitzen oder liegen. Gehen Sie ein paar Schritte rückwärts von ihm fort, geben Sie das Sichtzeichen. Bleibt er, kehren Sie sofort zu ihm zurück und belohnen ihn. Vergrößern Sie die Entfernung. Wenn er es gut kann, üben Sie an verschiedenen Plätzen, auch beim Spaziergang (noch angeleint). Ziel soll es sein, am Platz zu bleiben, wenn man um den Hund herum rennt oder ein Spielzeug wirft. Das muss intensiv geübt werden, es könnte Ihrem Hund einmal das Leben retten. Auch an der Bordsteinkante können Sie »Bleib!« fordern, wenn der Hund an langer Leine vorausläuft, oder Sie führen dort »Stopp!« ein.

An seinem Platz bleiben muss ein Hund, wenn Besuch kommt, der die freudige Begrüßung eines Vierbeiners nicht zu schätzen weiß bzw. wenn der Hund sich Besuchern aufdrängt. Die Anweisung heißt »Platz – bleib!« oder »Decke – bleib!«. Üben Sie zunächst, dass der Hund auf seinem Tagesruheplatz bleibt. Dann brauchen Sie einen Helfer, der an der Tür klingelt. Auch dabei soll der Hund an seinem Platz bleiben. Er bekommt dort etwas Gutes, das Bleiben lohnt sich. Dehnen Sie den Zeitraum aus. Bitten Sie Freunde, mit Ihnen zu üben. Bald verbindet der Hund Gäste mit leckeren Happen an seinem Platz.

Lassen Sie Ihren kleinen Schatz nie vor einem Geschäft allein! Er könnte gestohlen werden und im Versuchslabor landen.

Beim Nachlaufen wäre der Hund ständig im Stress. Das Alleinbleiben muss geübt werden.

Gelassen allein bleiben: »Bis bald!«

Als soziale Wesen sehnen Hunde sich nach Gesellschaft. Alleinsein bedeutet für sie Gefahr. Winseln und Jaulen sind also ein Notruf. Dabei darf man nicht zurückkommen und den Hund trösten, sonst lernt er: Jaulen bringt die Zweibeiner zurück. Gut möglich, dass er das gezielt anwendet. Gehen Sie erst zu ihm, wenn er ruhig ist. Üben Sie das in einem gefliesten Raum, falls Panik die Kontrolle über Blase und Darm verhindert – aber bitte den Kleinen nicht längere Zeit in ein winziges Badezimmer sperren! Stellen Sie Mülleimer und gefährliche Dinge hoch, damit der Hund sich nicht daran vergreifen kann. Dann keine Abschiedsszene, nur »Bis bald« oder »Sei schön brav«, Tür zu. Zunächst bleibt der junge Hund nur wenige Sekunden allein. Beim Zurückkommen gibt es beiläufig ein Leckerli. So wird das Alleinbleiben keine große Sache. Wenn er das ohne Winseln kann, bleiben Sie etwas länger im Nebenraum. Schließlich ziehen Sie Ihre Jacke an, nehmen den Schlüsselbund, gehen aus dem Haus, schließen die Tür ab (Geräusche, die dem Hund das Verlassen ankündigen) und kehren sofort zurück. Beim nächsten Mal bleiben Sie wenige Minuten vor der Haustür. Bald kann man dem

Kleinen eine Viertelstunde zumuten, dann eine halbe Stunde. Wird das gut geübt, legt er sich inzwischen schlafen. Lassen Sie einen jungen Hund nie länger als zwei Stunden allein, vor allem wegen der Stubenreinheit.

Willig hergeben: »Aus!«

Junge Hunde nehmen alles »in den Mund«, auch mal einen Kieselstein oder Pferdeapfel. So manches Spielzeug ist schnell zerbissen und kann gefährlich werden. Vor allem in der Zeit des Zahnwechsels kaut ein Hund auf allem Möglichen herum (bieten Sie als Ersatz Kauknochen, getrocknete Rindersehnen usw. an). Deshalb muss er zu seiner Sicherheit alles hergeben, was die Zweibeiner wünschen. Spielerisch trainieren Sie zunächst die **Beißhemmung** und sagen »Au!«, ehe spitze

Dieser Hund signalisiert deutlich: »Der Kauknochen gehört mir!« (Eurasier)

Zähnchen Ihre Haut durchbohren. Daraus wird später »Aus!«

Fehler bemerkt

Unser Foxterrier wurde angegriffen und wehrte sich tüchtig. Herrchen wollte ihm helfen, ging dazwischen. Der Terrier biss verzweifelt zu, egal wohin. Aus Versehen geriet Herrchens Hand zwischen seine Zähne. Sofort ließ er los. Er hatte gemerkt: Menschenhaut gehört nicht in seine Schnauze.

Zum Üben bieten Sie dem Hund ein Leckerli im **Tausch** gegen das gewünschte Objekt an. Sagen Sie »Aus!«, sobald er loslässt (nicht vorher). Das ist einfacher, als dem Hund die Schnauze zu öffnen. Klappt das nicht, ziehen Sie nicht an der Beute; er würde nur noch fester zubeißen. Greifen Sie ans Halsband, damit sich der Kiefer entspannt, der Hund aber nicht entwischt. Nun die Beute leicht fassen und ein tiefes »Aus!« sagen, ggf. den Hund mit Knurren beeindrucken und ihm fest in die Augen sehen.

Das **Öffnen der Schnauze per Hand** üben Sie ohne Beute: die Hand wie beim Schnauzengriff über die Schnauze legen, dann auf beiden Seiten die Lefzen hinter die Eckzähne drücken, sodass der Hund sich selbst beißen würde, wenn er weiter festhält.

Liegt ein Hund erst mit Beute auf dem Sofa und fletscht die Zähne, respektiert er seine Menschen nicht. Schnellstens muss man ihm Privilegien entziehen, um ihm seinen Status klarzumachen. Sofort runter vom Sofa, für die nächsten Wochen hat er dort nichts zu suchen. Schon jeder Blick zum Sofa, jede Pfote, die er darauflegen will, wird mit »Nein!« geahndet. Man braucht dem Hund Sofa, Bett usw. nicht für alle Zeiten zu verbieten (das gemeinsame Kuscheln ist ja etwas sehr Schönes), aber er muss erst zeigen, dass er Respekt hat.

Hunde fressen von Natur aus schnell – ein Erbe der Wölfe. Wer ein Stück stehlen will, wird attackiert. Menschen sollen dem Hund trotzdem **Futter wegnehmen** können, vor allem falls er Giftköder oder Knochenstücke verschluckt. Üben Sie »Aus!« mit Spielzeug besonders gut, bevor Sie Nahrung vom Hund fordern. Er muss Ihre Überlegenheit anerkennen, sonst riskieren Sie einen Biss. Stellen Sie die Hundemahlzeit hin, erlauben Sie das Fressen. Sagen Sie gleich wieder »Aus!«, nehmen Sie den Napf weg. »Sitz!« und warten. Dann den Napf wieder hinstellen. Größere Kinder können die Übung unter Aufsicht durchführen. Kleine Kinder können in der Nähe des Napfes gefährdet sein, Futter könnte vom Hund verteidigt werden. Üben Sie auch das Hergeben von Leckerbissen, anfangs mit größeren Stücken wie Trockenfleisch oder Kauknochen. Ziel soll sein, dass der Hund jeden Hundekeks sofort ausspuckt, wenn Sie es wünschen. Er soll sich auch tief in den Schlund greifen lassen. Üben Sie das, damit er es im Notfall kennt; ein Beißholz hilft. Müssen Sie Ihrem Hund sehr schnell etwas wegnehmen, z. B. eine evtl. vergiftete Ratte, kneifen Sie ihn ausnahmsweise ins Hinterteil. Vor Schreck wird er loslassen und sich umsehen, evtl. schnappen. Finger schnell weg!

Mein besonderer Tipp

Wenn der Hund Beute hält und man mit dem Finger zwischen die Schneidezähne kommt, löst ein in den Gaumen gedrückter Fingernagel einen Reflex zum Öffnen aus.

Stressfreier Spaziergang: »Bei Fuß!«

Zunächst wird der Kleine losstürmen. Er darf schnüffeln, lebhaft und neugierig sein, wenn er durch eine lange Leine gesichert ist. Dicht bei Ihnen bleiben muss er

- an Straßen mit viel Verkehr
- beim Überqueren von Straßen
- in Menschengruppen
- wenn Ihnen ängstliche Passanten begegnen.

Vor einem gut erzogenen Hund braucht kein Spaziergänger Angst zu haben.

Erst einmal »auspowern«. Auch wenn ein Kothaufen abgesetzt ist, lässt der innere Druck nach.

Dann gehört er an Ihre **linke Seite**. Die rechte Hand werden Sie (als Rechtshänder) eher einmal frei haben müssen. Suchen Sie sich zum Üben eine Häuserreihe oder einen langen Zaun links vom Hund, damit er seitlich nicht weg kann. Weil er vorwärtskommen will, zieht er an der Leine. Ein Hund braucht zwar nicht strikt an der Hosennaht zu laufen, aber ziehen darf er nicht. Er soll merken, dass Ziehen ihn nicht vorwärtsbringt. Sobald er vorprescht, stoppen Sie, drehen sich nach links zum Hund und versperren ihm wortlos mit Ihrem Bein den Weg. Befindet der Kleine sich wieder an der richtigen Position und schaut hoch, belohnen Sie den Blickkontakt mit einem freundlichen »Bei Fuß!« und gehen weiter. Geben Sie die Anweisung nicht, wenn der Hund sich an falscher Stelle befindet. Er soll lernen, dass »Bei Fuß« bedeutet, an Ihrer Seite zu sein – nicht woanders. Passiert es dem Hund ein paar Mal, dass er so gestoppt wurde, wird er sich zurückhalten. Sie können ihn mit einem besonderen Leckerbissen in der Hand zur Aufmerksamkeit ermutigen. Wenn er das gut kann, üben Sie, ihn auf der rechten Seite zu führen.

Schwierig wird es, wenn ein Hund **sehr bewegungsfreudig** ist. Er weiß zwar bald, was gewünscht wird, aber er kann so »unter Dampf stehen«, dass er kaum zu bremsen ist. Die Folge kann ein innerer Stau sein, der in Gebell mündet oder als Durchfall sein Ventil findet. Gut wäre es, zu einer Wiese zu fahren und den Hund rennen zu lassen, mit einem Wurfspielzeug oder mit anderen Hunden. Solche Hunde brauchen »action«. Erst dann die Leinenführigkeit üben.

An langer Leine muss der Hund lernen, rechtzeitig zu stoppen. Zieht er, bleibt man stehen und wartet, bis er sich umsieht. Dabei lockert sich die Leine. Loben Sie das Umsehen. Rufen Sie ihn heran, nochmals loben und weitergehen, bis z. B. ein Baum in 10 m Entfernung erreicht ist. Dort erhält der Hund eine schmackhafte Belohnung. Er begreift: Ziehen bringt ihn nicht weiter. Bald wird er bei jedem Ruck an der Leine, den er selbst verursacht (nicht Sie!), stehen bleiben und sich umsehen.

Wichtig

Haben Sie Geduld! Niemals Starkzwangmittel anwenden (Stachel- und Würgehalsband, Sprühstoßhalsband usw. oder ein Riemensystem, das unter den Achseln schmerzt). Ein Kopfhalfter kann helfen, wenn es korrekt eingesetzt wird.

Spaß im Welpenkindergarten

Prägungsspieltage helfen dem Welpen, die »Schrecken« der Umwelt kennenzulernen (wichtig bis etwa zur 16. Woche), Sozialverhalten zu üben und selbstbewusst zu werden. Hier darf er spielen. Er lernt flatternde Bänder und rasselnde Dosen kennen, das Gefühl einer Plastikplane unter den Pfoten, vielleicht sogar Kaninchen und Ziegen oder kleine Sporthindernisse. Bindungsübungen werden gemacht, z. B.: Die Familie versteckt sich, jemand hält den Welpen fest. Dann wird er gerufen und soll kommen, auch bei Ablenkung. Sehen Sie sich mehrere Spielgruppen an. Die Gruppe soll so klein sein, dass der Trainer viel Zeit für jeden Hund hat. Im Idealfall sind die Hunde etwa im gleichen Alter und Entwicklungsstand. Kein Hund darf dabei sein, der die anderen »niedermacht«. Kompetente Trainer schicken keinen unbedarften Kleinen mit »Da muss er durch!« in eine Raufergruppe, ein furchtsamer Hund wäre das Ergebnis. Ein Welpe darf in seiner Lerngruppe nicht überfordert werden. Am Ende soll er nicht hundemüde sein und nicht vor lauter Stress den Wassernapf leersaufen. Es besteht ein gewisses Ansteckungsrisiko, da der Impfschutz noch nicht vollständig ist.

Jetzt gehen wir in die Hundeschule

Verlassen Sie sich bitte nicht nur auf das Lernen in der Hundeschule. Lieber mit dem Welpen ohne Ablenkung und Stress daheim üben. Wenn der Kleine dann – mit komplet-

Mein besonderer Tipp

Testen Sie den Trainer, indem Sie beiläufig auf ein Schnauzelecken hinweisen. Weiß er, was das bedeutet? (Siehe S. 98)

tem Impfschutz – in die Hundeschule gehen kann, wird dort das Gelernte vertieft. Finden Sie eine Hundeschule, in der die Trainer mit viel Liebe auf den einzelnen Hund eingehen. Nehmen Sie Abstand, wenn

- Schnuppern und Spielen verboten ist.
- der Trainer seine eigenen Hunde mit Härte behandelt oder
- wenn er laut wird, Druck ausübt, ein Stachelhalsband oder angeblich harmlose Zwangmittel anwendet.
- die Mensch-Hund-Teams monoton im Kreis laufen müssen und »Kommandos« gebrüllt werden.

In einer guten Hundeschule werden Mensch und Tier als Team unterrichtet.

- der Trainer wenig einfühlsam ist und strikten Gehorsam erwartet.
- Hunde bestraft werden, z. B. indem man ihnen Wasser über den Kopf gießt (danach wird allen Ernstes erwartet, dass der Hund dem Trainer »die Füße küsst«).

Lassen Sie sich erklären, nach wessen Methode unterrichtet wird. Finden Sie in Internet heraus, um was es dabei geht. Haben die Versprechungen etwas mit sanfter Erziehung zu tun, oder wird doch Zwang angewendet? Angst ist ein schlechter Lehrmeister! Was Ihnen »Bauchweh« verursacht, tut Ihrem Hund nicht gut! Leider werden Hunde in vielen Hundeschulen eher verdorben als gut erzogen. Bei manchen »Experten« zweifelt man am gesunden Menschenverstand. Ein Trainer hat nicht immer Recht! Hören Sie auf Ihre innere Stimme, lauschen Sie in die Seele Ihres Hundes. Wenn Ihr kleiner Freund Sie in einer Probestunde ansieht wie »Hast du mich jetzt

Hundetrainer wissen: Das Problem muss man meistens am anderen Ende der Leine suchen.

nicht mehr lieb?«, verabschieden Sie sich! Machen Sie lieber keinen Kurs, als Ihren Hund verpfuschen zu lassen.
Gute Trainer beginnen mit theoretischem Unterricht. In erster Linie muss der Mensch Grundwissen erlangen und den Hund verstehen. Was auf einem Hundeplatz gelernt wird, muss an anderen Orten vertieft werden. Sonst »funktioniert« der Hund zwar auf dem Übungsplatz, woanders aber nicht. Kann er ein simples »Sitz« auch noch, wenn Sie im Postamt in der Warteschlange stehen oder wenn im Park andere Hunde spielen?

Verhaltensprobleme

Manch ein frischgebackener Hundehalter verzweifelt bei der Erziehung. Wenn Tiere »Fehlverhalten« zeigen, denken sie sich etwas dabei. Sehen Sie den »inneren Hund«. Hunde verhalten sich **generell richtig**, nämlich als Reaktion auf die Handlungen der Menschen, auf äußere Reize oder auf körperliche Vorgänge. Daher kann man Fehlverhalten nicht »ausmerzen«, es dem Hund nicht »austreiben«. Solche Ausdrücke benutzen nur Menschen, die noch mit Druck und Zwang arbeiten. Besser ist es, das eigene Verhalten zu korrigieren bzw. die Haltungsbedingungen zu verbessern, damit der Hund wunschgemäß reagiert. Lassen Sie Ihren Umgang mit dem Hund von einem Experten analysieren. Schon eine falsche Tonlage beim Sprechen kann darüber entscheiden, ob der Hund Sie ernst nimmt oder nicht. So mancher Hund meint, sein zweibeiniger Chef sei es nicht wert, dass man ihm Respekt und Aufmerksamkeit schenkt. Dann hat man dem Hund nicht deutlich genug gezeigt, wer die Leitung übernimmt.

Haustiere **spiegeln die Persönlichkeit** der Menschen wider, auch eine gestörte Persönlichkeit. Ehe man seinen Hund therapiert, sollte man also bei sich selbst nachschauen, ob es etwas zu korrigieren gibt, z. B. aggressives Verhalten.

Verhaltensprobleme wie das Anknabbern von Möbeln noch nach dem Zahnwechsel oder das Markieren im Haus können **Hilferufe** sein, weil der Hund nicht verstanden wird oder seine Bedürfnisse nicht erfüllt werden. Er könnte z. B. krank sein oder unverträgliches Futter bekommen. Oder er leidet unter Streit in der Familie, bekommt zu wenig Auslauf, ist zu oft allein. Jagt er den eigenen Schwanz, ist er entweder unterfordert, hat ein neurologisches Problem oder vielleicht Juckreiz auslösende Würmer am Po. Wie sollte er anders darauf aufmerksam machen als mit einer »Verhaltensstörung«?

Es wird Situationen geben, in denen Ihr Hund auf Sie **nicht hört**, z. B. im Spiel mit anderen Hunden, wenn er als Rüde auf der Fährte einer läufigen Hündin ist oder wenn ein Hase vor ihm flüchtet. Auch Radfahrer und Jogger werden gejagt bzw. gehütet (von vorn gestoppt), selbst Autos und Züge. Der angeborene Trieb ist manchmal stärker als die »Stimme des Herrn«.

Bei Ungehorsam stellen Sie bitte sicher, dass der Hund

- Sie verstanden hat: Kennt er die Anweisung gut genug?
- nicht ängstlich ist: Kapituliert er bei Gewitter, bei Begegnungen mit Artgenossen?

Mein besonderer Tipp

Geduldig bleiben. Ungeduld oder Wut würden beim Hund Angst und Stress auslösen. Ein gestresster Hund kann nur schwer gehorchen, erst recht nicht lernen (Blackout). Also tief durchatmen, lächeln und ihm noch eine Chance geben.

Versteckt er sich gar aus Angst vor Strafe oder vor dem nächsten Wutausbruch?

- nicht verwirrt ist: Hat er eine widersprüchliche Anweisung bekommen (z. B. Herrchen sagt »Sitz«, Frauchen klopft mit dem Löffel auf den Futternapf und gibt damit das Signal »Komm essen!«)?
- nicht abgelenkt ist: Er möchte z. B. lieber zu den Kindern, die mit einem Ball spielen.
- nicht taub ist.

Fehlverhalten? Oder nur unerwünschtes Verhalten?

Es gibt allerdings auch **erziehungsresistente Hunde**, die z. B. nicht stubenrein werden oder beim Spaziergang so hektisch sind, dass man ihre Aufmerksamkeit nicht erreicht. Solche Hunde können nach einer Umstellung auf naturnahe Kost wie ausgewechselt sein, gelassener und ansprechbarer. Falls das nicht reicht, sollte nach körperlichen Ursachen gesucht werden, z. B. Schilddrüse.

Wenn Ihr Hund bockig ist, fragen Sie sich:

- Muss ich eine respektablere Leitfigur werden?
- War ich inkonsequent?
- Habe ich ihn schlecht behandelt?

Trifft das nicht zu, sehen Sie Ihren Hund fest an, bis er zur Seite blickt. Ein Griff über die Schnauze ist eine Dominanzgeste aus der Wolfssprache. Tut ein Hund dauernd etwas Verbotenes bzw. reicht der Schnauzengriff nicht, kann man ihn fest ansehen, während man in Lefzen oder Bart greift. Als Rangzuweisung funktioniert das »Join-Up« des Pferdetrainers

Bellfreudige Hunde müssen in den gesetzlichen Ruhezeiten im Haus bleiben.

Monty Roberts auch beim Hund wunderbar, er folgt dann wie an unsichtbarer Leine (Literatur siehe Serviceseite). Diese gewaltfreie Dominanzübung beruht auf der artgerechtesten Disziplinierung: Ausschluss aus der Familie. Lassen Sie einen aufsässigen Flegel auch einmal in einem anderen Raum schmoren.

Missverständnis

Im Park kam eine Frau mit Dackel einem Mann entgegen, der drei Hunde bei sich hatte. Die Frau ging mit dem Dackel ins Gebüsch, um eine Konfrontation zu vermeiden. Der Dackel bellte aus Leibeskräften, zerrte an der Leine. Seine Halterin versuchte, ihn mit »Ist gut ... ist gut ...« zu beruhigen. Der Hund fühlte sich bestätigt. Ein klares »Nein!« mit Unterbrechung des Blickkontakts wäre besser gewesen.

Hundeverhalten, das Menschen **stört**, liegt manchmal in den Genen, z. B. wenn der Hund im Garten nach einem Maulwurf oder Futterdepot buddelt. Er möchte seine Veranlagung ausleben. Wie wäre es mit einer Buddelkiste voll Sand für den Hund? Einen Hund, der sich **wild** gebärdet, beruhigt man durch Streicheln, TellingtonTouch (je flacher die Hand, desto beruhigender die Wirkung), Bürsten, Kontaktliegen. Wenn ein Hund ständig **bellt**, finden Sie den Grund heraus: Ist er nervös, aufgeregt, frustriert, will er Aufmerksamkeit oder sein Revier verteidigen? Entsprechend kann man Gegenmaßnahmen einleiten. Oder lassen Sie ihn bellen, aber sobald er ruhig ist, sagen Sie souverän: »Ruhig!«, und geben ihm ein leckeres Häppchen. So lernt er, was »ruhig« bedeutet.

Auch **ängstliches Verhalten** kann sehr stören. Angst vor Unbekanntem ist ein Sicherheitsmechanismus der Natur. Genetisch bedingte Überängstlichkeit ist natürlich unerwünscht. Oft war auch eine scheue Hundemama ihren Welpen kein gutes Vorbild, oder die Wurzeln liegen in der Kindheit des Hundes: reizarme Aufzucht, schlechte Erfahrungen in sensiblen Phasen. Dann braucht man viel Geduld, Hilfe von wirklich guten Experten, zumindest freundliche Helfer zum Üben.

Wenn Hunde in die **Pubertät** kommen (erstes Beinheben, erste Läufigkeit), können sie noch einmal sehr sensibel werden und dürfen keine schlechten Erfahrungen machen. Vielleicht bekommt der Kleine auf einmal Angst vor etwas, das er längst kennt. Das gibt sich, wenn man möglichst wenig darauf eingeht. Möglicherweise »vergisst« der junge Hund auch vorübergehend, was er gelernt hat. Andere fallen in die Welpentage zurück, indem sie öfter zum Kuscheln kommen, sich ins Bett schummeln und ihren »Schmusetank auffüllen« lassen müssen, wieder Schuhe herumtragen oder anknabbern usw. Manche werden aufsässige Rabauken und testen ihre Grenzen aus (»Rüpelphase«). Das verlangt den Menschen einen Sack voll Geduld ab, ist aber nach wenigen Wochen ausgestanden. Rechnen Sie in dieser Zeit auch mit dem »Problem«, dass der junge Hund sich für das andere Geschlecht interessiert. Die erste Läufigkeit der kleinen Hündin kommt manchmal überraschend früh. Deckbereit ist sie, wenn die Blutung nachlässt und sie den Schwanz zur Seite legt, während man mit der Hand von der Schulter zum Schwanz streicht.

Probleme kann man lösen.

Doller Teenager!

Eine läufige Hündin wurde von der Leiterin einer Dogdance-Gruppe zum Kurs mitgebracht. Die Halterin eines jungen Rüden meinte: »Er ist noch ein Baby. Der weiß noch nichts von solchen Sachen.« Wenig später machte er beim Spielen einen Luftsprung und landete auf der Hündin.

Haben Sie **Verständnis und Geduld**. So mancher, der sich über seinen »unmöglichen« Hund beklagte und ihm doch eine Chance gab, hat heute einen supertollen Hund und kann gar nicht mehr verstehen, warum er sich damals so schrecklich fühlte.

Manche Hunde müssen von einer Hundeschule zur nächsten, jede neue Methode wird ausprobiert – bis den Hundehaltern die Erleuchtung kommt, dass der Hund zur Ruhe kommen muss. Lässt man ihn so sein, wie er »gedacht ist«, bauen sich auf einmal eine bessere Bindung und ein schöneres Miteinander auf.

Freizeit, Spiel und Sport

Täglich neue Reize sind wichtig. Ein Hund soll sein Leben nicht verdö-

sen, nicht unterfordert sein, allerdings auch nicht überfordert. Hunde

brauchen genügend Regenerierungsphasen, denn ihre Lebensuhr

tickt schneller als die der Menschen.

Spaziergang

Hat ein Welpe keinen Garten zur Verfügung, muss er mindestens alle zwei Stunden ausgeführt werden, als erwachsener Hund alle vier Stunden. Meinen Sie es nicht zu gut mit der Bewegung, sonst könnte der Kleine zu schnell wachsen (ungünstig für die Knochenentwicklung).

Spaziergänge mit dem Hund sind keine lästige Pflicht, sondern **die schönste Zeit des Tages,** eine Auszeit vom Alltag. Nicht zuletzt ist ein Hund ein wunderbarer Fitnesstrainer und bewahrt Sie vor Erkältungen. Wenn Sie es so sehen, werden Sie viel Schönes mit Ihrem Hund erleben. Schieben Sie die Spaziergänge nicht auf Ihre Kinder ab! Halten Sie sich auch diesbezüglich an die »Verordnung über das Führen und Halten von Hunden«, sonst riskieren Sie im Schadensfall eine Strafe und verlieren den Schutz der Haftpflichtversicherung. Ein fröhliches Spiel auf der Hundewiese tut jedem Hund gut. **Begegnungen mit anderen Hunden** sollen stressfrei verlaufen. Bald werden Sie leider auch unfreundliche Menschen und Hunde kennen. Manch einer lässt seinen Hund im Park frei laufen, hält ein Schwätzchen mit anderen Hundehaltern und kümmert sich nicht darum, was sein Rüpel tut. Machen Sie einen Bogen um solche unsozialen Lebewesen. Es ist nicht feige, sondern vernünftig, einem überlegenen Angreifer aus dem Weg zu gehen! »Der tut nichts« oder »Der will nur spielen«, sagen alle Hundehalter. Oft stimmt das nicht! Lieber wenig Hundekontakt, als dass Ihr Kleiner durch einen Biss zu Schaden kommt und ein schweres Trauma erleidet! Viele Experten empfehlen immer noch, dass Hunde Kämpfe unter sich ausmachen. Es gibt keinen schlimmeren Vertrauensbruch, als seinem Hund in Not und Gefahr nicht gezeigt zu haben: Ich bin da! Ihr Hund verlässt sich auf Ihren Schutz! Mit der Leine haben Sie den Freiraum des Hundes begrenzt, sodass er nicht handeln kann. Darum ist es an Ihnen, ihm Sicherheit zu geben und Angreifer abzuwehren. Kommt es zu einer Beißerei, ist man oft starr vor Angst um den geliebten Vierbeiner. Verständigen Sie sich mit dem Halter des Angreifers, dass beide ihre Hunde an den Hinterbeinen packen. Falls das nicht gelingt, zögern Sie nicht, dem Angreifer mit dem Gehäuse der Rollleine auf den Kopf zu schlagen oder in Notwehr Pfefferspray einzusetzen. Es ist nicht gut, kleine Hunde auf den Arm zu nehmen, wenn Artgenossen kommen (Sozialkontakte müssen gelernt werden), aber bei akuter Bedrohung ist es angebracht. Hebt man einen kleinen Hund allerdings zu oft hoch, kann er überheblich werden und den Gegner ankläffen.

Faustregel für die Dauer des Spaziergangs:

- mit ¼ Jahr ¼ Stunde,
- mit ½ Jahr ½ Stunde,
- mit ¾ Jahr ¾ Stunde,
- ab 1 Jahr mehr;
  wenigstens zweimal am Tag.

Spaziergänge sollen Freude machen.

Hier begegnen sich zwei selbstbewusste Hunde.

Dadurch entwickeln sich Probleme im Sozialverhalten – oder der Angreifer springt einem ins Gesicht! Manche Hunde fühlen sich angeleint sehr stark und gehen auf einen vermeintlichen Gegner los. Bei Freilauf würden sie nicht so viel wagen. Halten Sie die Leine in so einem Fall möglichst locker. Vorbeugend, wenn ein anderer Hund auf Sie zukommt, fordern Sie die Aufmerksamkeit Ihres Hundes mit einem besonders schmackhaften Leckerli in der Hand. Zeigen Sie es ihm rechtzeitig, sagen Sie: »Überleg's dir!« Er hat die Wahl, ob er den »Feind« anbellen oder das Leckerli haben möchte. Legt er sich ins Zeug, bekommt er nichts.

Kindertipp

Ohne Begleitung Erwachsener dürfen Kinder Hunde nur führen, wenn

- sie körperlich in der Lage sind, den Hund zu halten.
- sie vernünftig und zuverlässig genug sind, kritische Situationen zu erkennen und zu vermeiden, ggf. auch einzugreifen, ohne sich zu gefährden (Beißerei).
- der Hund gut gehorcht und nicht aggressiv ist.
- sie den Hund nicht von der Leine lassen.

Mein besonderer Tipp

Plastiktüten vom Obsteinkauf im Supermarkt kann man zum Einsammeln von Hunde-haufen ebenso nutzen wie ausgewaschene Tüten vom Metzger und vom Schulbrot der Kinder.

Wie ausgewechselt

Mein Ehemann brachte unserem ersten Hund »Überleg's dir!« bei. Schließlich kam er mit dem folgsamen Hund sogar am Grundstück des Erzfeindes vorbei, der hinter dem Zaun tobte und bellte. Ich wusste noch nichts davon, unser Hund machte bei mir weiterhin Theater. Anwohner dachten, wir hätten zwei Hunde.

Das **Einsammeln von Hundekot** sollte für jeden Hundehalter selbstverständlich sein. Niemand hat selbst gern Hundehaufen vor der Haustür. Niemand möchte, dass die eigenen Kinder beim Spielen mit Kot in Kontakt kommen. Entfernt man Hundekot nicht, kann ein hohes Bußgeld fällig werden. Wenige verantwortungsbewusste Hundehalter tun es bisher, denn außer in Großstädten gibt es kaum Kontrollen. Seien Sie bitte Vorbild. Stecken Sie ein paar Plastiktüten ein, um die Hinterlassenschaften Ihres Vierbeiners zu beseitigen (einfach über die Hand stülpen).
In einer kleinen Tragetasche von der Apotheke oder vom Drogeriemarkt können Sie die eingetüteten Häufchen diskret zum nächsten Abfalleimer tragen. Man kann auch Küchenpapier zusammenfalten oder Zeitungspapier zurechtschneiden. Allerdings erschöpft sich

Bewegung bringt die Verdauung in Gang. Hunde, die vorher lange in der Wohnung sein mussten, können etliche Haufen pro Spaziergang absetzen.

dabei die Kapazität der Jackentaschen schnell, außerdem können die Hände mit Kot in Berührung kommen. Um gewappnet zu sein, wenn der Hund unterwegs Durchfall bekommt, sollte man immer etwas saugfähiges Küchenpapier bei sich haben. So kann man die »Brühe« vom Bürgersteig wischen und den Hundepo abwischen. Lassen Sie Ihren Hund aus hygienischen Gründen nicht auf Kinderspielplätze und Liegewiesen.

Jeder Hund muss sich mindestens einmal am Tag **austoben** können. Er mag nicht immer geradeaus laufen, möchte herumtollen oder auf die Pirsch gehen (natürlich nur angeleint). Daher sollte man immer mal die Richtung wechseln, sich verstecken und so seine Aufmerksamkeit fordern.

Eine gewisse Jagdleidenschaft hat fast jeder Hund. Seien Sie sich darüber im Klaren, dass

Mein besonderer Tipp

Eine sanfte Methode, einen Hund vom Jagen abzuhalten: Er soll sich bei geworfenem Spielzeug, das Jagdtrieb auslöst, hinlegen: »Bleib!« Erst nach Anweisung darf er aufstehen und manchmal das Spielzeug holen. Beim Reizangeltraining nach Fichtlmeier (siehe Serviceseite) lernt der Hund auf geniale Weise, dass Hetzen die Beute unerreichbar macht.

diese Begeisterung durch Wurfspiele und Bällchenfangen zwar ausgelebt, aber auch unterstützt wird. Das wäre also keine gute Idee für Waldspaziergänge, wo lebende Beute auftauchen könnte, sondern eher für eine

Es kommt nicht darauf an, wie lang die Spaziergänge sind, sondern wie abwechslungsreich man sie für den Hund gestaltet.

Beutetrieb ist vorhanden. Was würde passieren, wenn Rehe auftauchen? (Dalmatiner)

ungefährliche Wiese und wenn man in der Lage ist, den Hund sofort zur Ruhe zu bringen. **Gefahren** beim Spaziergang können bei Abfallbehältern lauern, z. B. Glasscherben, Wespen, verfaulte Nahrungsreste. Halten Sie Ihren Hund davon fern. Im Sommer nimmt man für längere Touren Wasser mit. Im Zoohandel gibt es praktische Plastikflaschen mit Napf zum Umhängen. Lassen Sie Ihren Hund nicht aus Pfützen, Bächen oder Seen trinken. Darin können sich Krankheitserreger befinden, z. B. Leptospiren, Botulinum-Bakterien, Blaualgen. Unüberlegt werden manche Hunde in Gräben an Feldern geschickt, die mit großer Wahrscheinlichkeit durch chemische Stoffe belastet sind, welche aus den Feldern geschwemmt wurden. Das kann zu Erkrankungen führen.
Nie darf man einen Hund an einem steilen Ufer ins Wasser lassen, z. B. an einem Kanal; dort kommt er aus eigener Kraft nicht mehr

heraus. Ein Hund, der gern ins Wasser springt, bleibt an Schleusenanlagen angeleint; sonst hat er keine Chance! Am See sollen Hunde ins Wasser *gehen*, nie springen! Man weiß nicht, was unter der Oberfläche ist! Wenn Kinder den Hund beim Spaziergang mit **Roller** oder Kinderrad begleiten, kommt eine spezielle Übung auf Sie zu. Weil fast jeder Hund Jagd- bzw. Hütetrieb hat, kann es schwierig sein, den Vierbeiner dazu zu bringen, dass die Kids ohne Probleme neben, vor oder hinter ihm fahren können, ohne dass er sie hinunterschubst oder vor das Vorderrad rennt. Trainieren Sie erst einmal die Kinder, raten Sie zu extremer Vorsicht. Der Hund gehört anfangs an eine kurz gehaltene Leine. Bei jedem Spaziergang bekommt er etwas mehr Leine, bis er frei laufen kann, ohne dass etwas passiert. Die Kinder sollen immer die Hand an der Bremse haben und wissen, wo sich der Hund befindet. Wird das gut geübt, können die Kinder bald sogar vor dem Hund her sausen oder umkehren und zu den Eltern fahren.

Freilauf

Die meisten Hundehalter hoffen auf die Anhänglichkeit eines Welpen und lassen ihn zu früh von der Leine. Sogar in Hundeschulen wird früh zu Freilauf geraten. Frei laufen darf ein Hund aber erst, wenn die Grunderziehung abgeschlossen ist und alles sicher klappt, vor allem das Heranrufen. Er soll jederzeit unter Kontrolle sein. Sonst folgt er womöglich stundenlang dem »Lockruf der Wildnis«, landet im Tierheim oder wird überfahren. Hunde aus

Rassen, die für selbstständiges Arbeiten gezüchtet wurden, gehen besonders gern eigene Wege und können einen starken Jagdtrieb oder Hütetrieb (= Jagdtrieb ohne Tötungssequenz) haben. Von einem Jagdhund – auch Terrier, Dackel –, der die Nase am Boden hat und voll in seinem Element ist, darf man nicht sofort erwarten, dass er im Wald bei Fuß geht, und von einem Hütehund nicht, dass er ohne Aufregung an einer Schafherde oder anderen sich bewegenden Objekten (Fahrzeuge!) vorbeigehen kann.

Üben Sie mit einer **Sicherheitsleine** von ca. 8 m Länge, später bis zu 20 m (Schleppleine, Feldleine). Weiter sollte man den kleinen Entdecker noch nicht davonpirschen lassen. Vorsicht, wenn Hunde miteinander spielen: Sie können sich in der Leine verwickeln, sich verletzen oder sich durch die Leine in die Enge getrieben fühlen und beißen. Aufpassen, dass der Hund nie bis ans Ende der langen Leine rennt: Verletzungsgefahr! Rufen Sie ihn zurück, ehe die Leine sich strafft. So lernt er, diese

Bannmeile einzuhalten. Beobachten Sie ihn gut: Visiert er ein Objekt an (er senkt leicht den Kopf), steigt sofort sein Adrenalinpegel und er kann im nächsten Moment durchstarten. Rufen Sie ihn spätestens jetzt zu sich heran. Üben Sie das Heranrufen mit langer Leine, damit Anweisungen konsequent durchgesetzt werden können: »Platz – bleib!«, weggehen, »Komm!« Oder ein Helfer hält den Hund fest, bis der vierbeinige Schüler das Signal zum Loslaufen bekommt: eine deutlich sichtbare Armbewegung und einen speziellen **Pfiff** (ggf. mit Hundepfeife), der ihm etwas besonders Leckeres verspricht. Dieser Pfiff wird Ihre Notbremse, wenn der Hund sich ohne Leine zu weit entfernt. Sie müssen das erwartete Leckerli parat haben, also gehen Sie nie ohne aus dem Haus! **Freies »Bei Fuß«** bringt den Hund unter Ihre Kontrolle. Wenn er im Garten oder auf dem Hundeplatz ohne Leine bei Fuß gehen kann, heißt das nicht, dass er unter Ablenkung im Park (Jogger!) oder gar an einer Straße bei Fuß bleibt.

Nicht ableinen darf man

- eine läufige Hündin. Sie könnte sich auf die Suche nach einem Bräutigam machen oder von einem Rüden gedeckt werden.
- einen Rüden, der sich für die Urinspuren läufiger Hündinnen interessiert. Der Ruf der Natur ist oft stärker als der Ruf des Menschen. Das kann gefährlich werden (Straßenverkehr), und womöglich muss man für unerwünschten Nachwuchs »Alimente« zahlen.

- einen Hund bei Nebel. Er kann die Orientierung verlieren, weil er wenig sieht und der »Komm!«-Ruf aus einer anderen Richtung zu kommen scheint.
- einen Hund, der alles jagen oder hüten will, was sich bewegt.
- einen Hund, der Waldwege verlässt, sodass er in Gefahr gerät, erschossen zu werden.
- einen tauben oder blinden Hund.

Komm spielen!

Im Spiel geht es um Status und Ressourcen, das Setzen von Grenzen, Körpersprache. Jeder Hund braucht spielerische Anregungen und Erfolgserlebnisse, die das Selbstbewusstsein stärken. Spielen festigt die Bindung zwischen Mensch und Tier. Wer spielt, bleibt flexibel im Denken und in den Gelenken. Spielen macht Freude, macht glücklich – und damit gesund. Legen Sie sich zum Hund auf den Boden, lassen Sie ihn auf Ihrem Körper herumturnen, knuddeln Sie ihn durch. Seien Sie einfach mal albern.

Wenn Hunde spielen möchten, machen sie eine Spielverbeugung (Vorderkörpertiefstellung) und lächeln den Spielpartner an. Sooft es geht, sollte man diesen Gunstbeweis annehmen, ohne sich allerdings vom Hund vorschreiben zu lassen, wann man zu spielen

Eine Spielverbeugung und ein freundliches Spielgesicht – wer könnte da widerstehen!

hat. Oft spüren Hunde, dass der Mensch eine Pause braucht, und kommen deshalb mit ihrem Spielzeug zu ihm. Nehmen Sie das nette Angebot an. Aber denken Sie daran: Mit vollem Bauch wird nicht gespielt! Wenn Ihr Kleiner nach dem Fressen »den Turbo einlegt«, ist sofort Schluss (Magendrehung).

In einem Haushalt mit Kindern ist es wichtig, dass der Welpe weiß, wann er **mitspielen** darf und wann nicht. Beim Toben oder Fußballspielen ist es nicht immer lustig, wenn der Hund zwischen den Kindern herumspringt oder in den Ball beißt. Man kann ihn so trainieren, dass er sitzen muss, während die Kinder spielen: den Ball zum Üben hin und her kicken. Als Belohnung bekommt der Hund ein Leckerli oder sein Spielball wird für ihn geworfen.

Ein Hund braucht **Spielzeug**, das ihm nicht gefährlich werden kann. Hat er das nicht, wird er sich etwas suchen, z. B. auf Steinen kauen. Das ist weder für die Zähne noch für den Magen gut. Die Größe des Spielzeugs richtet sich nach der Größe des Hundes. Es darf nicht so klein sein, dass er es verschlucken kann. Kleines Spielzeug können Sie an ein Band knoten. So kann man es leichter vom Hund zurückfordern: Läuft er weg, tritt man auf das Band, um den Ausreißer zu stoppen.

Kaufen Sie dem Hund keine Hohlbälle, die für Kinder gedacht sind; sie werden schnell zerbissen. Vielleicht spendiert Ihnen der örtliche Fußballclub ausgediente Lederbälle. Noch haltbarer ist ein Ferkelball aus der Landwirtschaft. Es gibt auch feste hohle Bälle, die mit

Leckerlis bestückt werden können; die Brocken fallen beim Rollen heraus.

Spielen kann **Gefahren** bergen. Mit Spielzeug muss der Hund stets unter Aufsicht bleiben. Tennisbälle reiben die Zähne ab, die Leuchtfarbe kann giftig sein. Plüsch- und Gummispielzeug für Hunde sowie Moosgummibälle kann ein Hund zerbeißen. Auch bei robust aussehendem Spielzeug platzen Nähte auf, die Füllung kann vom Hund herausgezupft und gefressen werden. Abgekaute und verschluckte Teile von Vinyl-Spielzeug (PVC) werden im Hundemagen hart und scharfkantig (Notfall!), herausgelöste Weichmacher schaden Leber und Nieren – so etwas besser gar nicht erst kaufen! Kaputte Spielsachen gehören sofort in den Mülleimer. Kinderspielzeug muss zum Tabu erklärt werden. Machen Sie bis zur Beendigung des Zahnwechsels keine Zerrspiele! Schleudern Sie nie den Hund herum, wenn er sich in Spielzeug verbissen hat; dabei kann die Wirbelsäule verletzt werden!

Am Ende des Spiels heißt es »Genug!«, und das Spielzeug wird weggeräumt. Interessant bleibt es nur, wenn es nicht ständig herumliegt.

Ein **Fang-mich-Spiel** wird jedes Kind mit seinem Hund spielen wollen: Einer jagt den anderen – mal so, mal so. Vorsicht: Angeborener Jagdtrieb verlangt manchmal vom Hund, dass er in die Beine der Jagdbeute beißt. Möglicherweise macht Ihr junger Hund keinen Unterschied, ob es sich um einen Hasen handelt oder um Hosenbeine, in denen ein Mensch steckt. Halten Sie ihn deshalb nicht gleich für böse. Kinder müssen wissen: Hat der Hund sie erreicht, sollen sie sofort stehen bleiben;

Kindertipp

Ein Hund darf Spielbeute nicht mit Knurren verteidigen (ein leichtes Spielknurren ist meist nicht böse gemeint), erst recht nicht beim Spielen mit Kindern. Man nimmt ihm das Spielzeug wortlos weg. Kinder, die das nicht können, gehen einfach vom Hund weg.

denn der Auslöser des Jagdverhaltens ist die Bewegung der Beute. Hat der Hund bereits zugeschnappt, folgt ein festes »Nein« oder »Aus«. Spielt er zu ruppig, dreht man sich weg und lässt ihn stehen. So merkt er, dass das Spiel durch sein Verhalten beendet wird. Für **Suchspiele** eignen sich Spielzeuge und Leckerlis. Geben Sie dem Hund Tipps mit einem Fingerzeig. Leiten Sie ihn mit Worten in die richtige Richtung: Ein freudiges »Ja!« deu-

Ein Spielzeug am Band kann man bei Freilauf viel weiter werfen als andere Spielsachen.

Kostengünstiges Spielzeug

- Ein altes Handtuch wird durch Bewegung »lebendig«.
- Man kann das Handtuch auch an einem festen Wäschegummiband an einem Ast oder an einem Haken in der Decke aufhängen.
- Alte Socken sammeln, in einen Strumpf stecken, zuknoten – ein prima Spieltier.
- »Tresorspiel«: den Pappkern einer Küchenpapierrolle an einem Ende zuknicken, Leckerli hineinstecken, das andere Ende zuknicken, ein paar Löcher zum Schnuppern in die Papprolle stechen, »Auspacken!« (s. Foto). Der Hund soll sich die Beute erarbeiten. Auch leere Pappschachteln eignen sich, zugeklebt mit ungefährlichem Malerkrepp.
- Spielzeug oder Leckerlis in ein Handtuch wickeln, den Hund schnüffeln und buddeln lassen.

- Ein Stück Lammfell von einem Lenkradbezug wird am Band zur huschenden Maus für einen jagdfreudigen Hund.
- Auch größere, weiche Dinge kann man an ein Band knoten, z. B. einen Heimwerkerhandschuh aus Leder und Leinenstoff. Lassen Sie solch ein Spielzeug um sich herumwirbeln, der Hund wird es mit Eifer fangen wollen.
- Für Zerrspiele: Hosenbein von alter Jeans.

tet er bald als richtig, ein ruhig und mit tiefer Stimme gesprochenes »Nein« als »Such woanders!« – wie beim »Heiß«/«kalt«-Spiel. Schnüffelspiele fördern die Konzentration.

- Kinder können im Garten mit einem Würstchen eine Spur ziehen, ab und zu ein Stück Wurst zur Motivation in die Spur legen und eine Schatzkarte malen, damit sie den Verlauf der Spur nicht vergessen. Am Ende liegt natürlich »der Schatz«.
- Man kann auch sechs gleiche Gegenstände, z. B. Holzstücke, paarweise mit Zahlen beschriften und mit gleichen Gerüchen versehen (z. B. je zwei mit Parfüm, Petersilie, Fleisch), sodass der Hund die Paare finden soll.
- Stellen Sie drei umgedrehte Blumentöpfe oder Eimer auf (je nach Größe des Hundes), unter einem wird ein Leckerli versteckt. Der Hund soll die Gefäße anstupsen und umkippen – besonders geeignet für Sensibelchen, die selbstbewusster werden sollen.
- Bei einer Trockenfuttermahlzeit in einer Kiste mit zerknülltem Zeitungspapier hat der Hund gut zu tun.

Die Bezeichnung der Lieblingsspielzeuge kann ein Hund nebenbei lernen. Sagen Sie: »Such den Ball«, »Bring das Seil« usw. Das **Apportieren** (Bringen) übt man im Tausch gegen Leckerchen. Für Kinder ist es ein Spaß, dem jungen Hund beizubringen, dass er nach dem Trinken sein Handtuch holen muss. So kann man die Schnauze abwischen, der Hund reibt sie sich nicht an Möbeln oder Hosenbeinen trocken. Kleine **Hindernisse** wie bei Agility können im Garten aufgebaut werden, z. B. ein Slalom aus in den Boden gesteckten Pflanzstäben, um die der Hund geführt wird. Man kann den Vierbeiner über drei bis fünf mit Abstand hintereinandergelegte Latten führen oder ihn

Wichtig

Machen Sie keine Futtersuchspiele beim Spaziergang! Der Hund könnte sich unappetitliche Dinge einverleiben oder einen Giftköder finden.

lehren, knisternde Folie furchtlos zu betreten. Auch durch einen Hula-Hoop-Reifen kann man den Hund mit einem Leckerli führen, später den Reifen etwas vom Boden abheben und den Hund springen lassen (keine großen Sprünge für junge Hunde!).

Für einen jungen Hund sind Zerrspiele nicht geeignet (Zahnfehlstellung), höchstens ganz sanft. Er darf auch mal mit der Beute davonhoppeln und sie »totschütteln«.

Mit dem Einstudieren kleiner Tricks kann man die Intelligenz des Hundes fördern und das Gefühl der Zusammengehörigkeit stärken.

Kinder bringen ihrem Hund gern **Dressurtricks** bei, die ihn zum Zirkusclown machen, z. B.

- Pfötchengeben, auch »rechte Pfote«, »linke Pfote«.
- »Bitte«: der Hund sitzt auf dem Hinterteil und hält die Pfoten in die Luft (nichts für Hunde mit langem Rücken!).
- Körperrolle (nie mit vollem Magen: Magendrehung!).
- »Peng! Du bist tot!«: der Hund darf sich nicht rühren (»tot« ist nicht lustig!).
- »Schäm dich!«: der Hund wischt sich mit der Pfote übers Auge.

Passen Sie bitte auf, dass der Respekt vor dem Tier gewahrt bleibt. Ein Hund ist keine Anziehpuppe und gehört nicht in den Puppen- wagen. Haarspangen und Mäntelchen sollten ihm weder Kinder noch Erwachsene zumuten (Ausnahme: Wetterschutz für kranke oder überzüchtete Hunde). Auch der größte Hund darf auf keinen Fall als Reittier herhalten müssen!

Mentales Training ist ebenso wichtig wie körperliches. Bei Denkaufgaben, z. B. beim Clicker-Training, können Hunde sich völlig verausgaben. Auf diese Weise kann man Hunde auslasten, die körperlich – etwa durch Laufen am Fahrrad oder durch monotonen Hundesport – »nicht kleinzukriegen« sind. Hunde sollen jedoch weder körperlich noch geistig überfordert werden. Im Stress ist ein Hund, wenn er nach der Übung viel trinkt.

Hundesport und Ausbildung

Manchen Hunden reichen Spaziergänge nicht. Sportliche Fitness stärkt die Muskulatur – ein gesundheitlicher Vorteil gegenüber »Sofahunden«. Hundesport bietet geistige Anregungen, fördert das Selbstbewusstsein und stärkt die vertrauensvolle Mensch-Hund-Verbindung. Der Hund lernt, auf kleinste Zeichen zu achten. Voraussetzungen für Hundesport sind Gesundheit und eine gute Grundausbildung. Manchmal wird vom Sportverein eine Begleithundprüfung verlangt, und es muss der Nachweis einer Tollwutimpfung vorgelegt werden. Meiden sollte man Hundeplätze, deren Trainer eine einfühlsame Unterweisung vermissen lassen und auf Drill und Zwang setzen. Vor dem ersten Geburtstag darf ein Hund nicht sportlich aktiv werden, das würde die Entwicklung des Körperbaus stören (Knochenschäden). Hohe Sprünge verbieten sich so früh ebenso wie Laufen am Fahrrad. Gute Trainer beginnen bei Junghunden mit schonenden Übungen: durch einen weiten Schlauch kriechen, flach gestellte Schrägwand, Slalom mit weitem Stangenabstand. Das Wohl des Hundes steht immer im Vordergrund! Hundesport soll man zum Spaß betreiben, ohne Leistungsdruck und Stress.

Dogdance verbindet viele Übungen – eine kleine musikalische Aufführung mit dem Partner Hund.

stimmen: Ein dicker Hund wird nicht über Hürden gejagt, angriffslustige Hunde dürfen nicht durch Schutzdienst noch aggressiver gemacht werden (das harte Training von Angriffsverhalten gegen Menschen verbietet sich aus ethischen Gründen sowieso). Spaß soll es dem

Welche Ausbildung soll es sein?

Die Rasse spielt natürlich eine Rolle, einen Schlittenhund schickt man nicht zum Hütewettbewerb. Die körperliche Eignung muss

Mein besonderer Tipp

Verwenden Sie spezielle Belohnungsleckerlis, z. B. gekochte Hähnchenmägen.

Ausbildung in Kürze

- Begleithund: Grundgehorsam (leider wenig alltagstauglich)

- Agility: Hindernisparcours (guter Gehorsam, starke körperliche Belastung)

- Fun-Agility: Hindernisparcours (ohne Wettkampf, freudige Teamarbeit)

- Mobility: leichter Hindernisparcours (alltagsnah, auch mit Planen, Rosten, Bändern)

- Turnierhundsport: ähnlich wie Agility (kann bald langweilig werden), Geländelauf

- Obedience: strikter Gehorsam (die Hunde wirken wie an Fäden gezogen)

- Flyball: einen Ball aus einer Wurfmaschine fangen, Hürdenlauf (Apportierfreude)

- Vielseitigkeitsprüfung für Gebrauchshunde: Begleithundprüfung (Grundgehorsam), Fährtenarbeit (hohe Konzentration, der Hund hat sich nach kurzer Zeit völlig verausgabt – möglich, dass er später beim Spaziergang ständig auf Spur ist oder die Nase im Wind hat und davonprescht, weil der Mensch Geruchsspuren nicht bemerkt und nicht rechtzeitig einwirken kann), Unterordnung, Schutzdienst (Menschen angreifen, Stockschläge aushalten)

- Rettungshund: Unterordnung, Gewandtheit, Nasenarbeit auf Fährte, Fläche, in Trümmern, Lawinen, Wasser (kann sehr gefährlich werden)

- Jagdausbildung (bei der Jagd kommen viele Hunde ums Leben)

- Leistungshüten

- Schlittenhundrennen

- Windhundrennen, Coursing: Jagd auf künstliche Beute

- Frisbee: eine weiche Hundefrisbeescheibe im Flug fangen (starke Belastung!)

- Treibball: große Bälle in ein Tor treiben.

Hund machen. Springt er gern über Baumstämme und Sträucher, kommt ein Hindernisparcours in Frage.

Hundehalter berichten über **negative Erfahrungen**: Wenn man an Turnieren kein Interesse hat, wird man im Verein manchmal abgeblockt. Teilweise wird recht verbissen trainiert. Hunde werden im Auto eingesperrt oder am Zaun angebunden, bis sie für kurze Zeit an der Reihe sind – und nach dem Sport müssen sie ebenso warten, während die Menschen sich im Vereinsheim vergnügen. Außerdem kann es leicht zu gesundheitlichen Schäden kommen, weil große Kräfte auf den Körper einwirken, z. B. bei Sprüngen, beim Abbremsen, bei unnatürlichen Bewegungen (Frisbee!). Von Arthrose wird ebenso berichtet wie von gerissenen Sehnen und Spätfolgen im Alter. Leider gibt es einige Menschen, die den Hund zum Sportgerät degradieren. Sie wollen Macht über den Hund, ihren Ehrgeiz befriedigen, sich über den Hund profilieren, Pokale gewinnen. Wenn Hunde von Turnier zu Turnier müssen und das nicht möchten, hört der Spaß auf. Ihre »Hundeführer« können nicht in die Hundeseele sehen, sonst würden sie die oft traurigen Blicke ihrer Vierbeiner erkennen – vielleicht sind sie ihnen auch egal. Obendrein trifft man leider viele überdrehte Hunde, die manchmal ihre eigenen Leute beißen.

Auch **ohne Verein** kann man Hunde sportlich fördern, z. B. mit

- Dogdance
- Schwimmen
- Jogging oder Wandern
- Skilanglauf
- Reitbegleitung.

Eigene Vorstellung

Eine Freundin schrieb: »Mein Kleiner findet den Agility-Parcours nicht so spannend. Er latscht richtig durch den Ring, Tunnel findet er auch doof. Setzt sich auf seinen breiten Po und schaltet auf stur: ›Kriech doch selber durch das Ding!‹«

Bewegung hält fit. Nur nicht übertreiben. Hunde unter 1 Jahr sollen noch nicht mit zum Jogging.

Urlaub

Gerade in den schönsten Wochen des Jahres, wenn Sie Zeit für den Hund haben, möchte Ihr Vierbeiner bei Ihnen sein. Wenn irgend möglich, nehmen Sie ihn mit. Liebende Hundehalter verzichten auf Flüge (Hund im Frachtraum) und Reisen in warme Länder, auch weil der Hund sich mit fremden Krankheiten infizieren kann. Bei der Anmeldung im Quartier fragt man, ob Hunde willkommen sind; das kostet meist nur ein paar Euro extra. Gut sind Ferienhäuser mit eingezäuntem Garten. Das Autofahren muss der Hund vor der Reise üben, damit er weder zittert noch sich übergibt. Geht es gar nicht, ist er am besten aufgehoben bei Freunden, die er kennt und bei denen er schon mal eine Weile zur Probe sein durfte.

Tiersitter, die Haustiere vorübergehend aufnehmen, und Hundepensionen müssen rechtzeitig geprüft werden. Dort sollte der Hund vor dem Urlaub ebenfalls probeweise einige Tage untergebracht werden.

Auch für den Hund wird vor dem Urlaub ein Köfferchen gepackt: gewohntes Futter (falls es keine gängige Marke ist, die man auch am Urlaubsort bekommt), Napf, Wasser, Pflegeutensilien. Fürs Ausland: Heimtierausweis mit Mikrochipnummer und Impfnachweis (ggf. Titerbestimmung, evtl. nachimpfen). Kümmern Sie sich rechtzeitig um die Formalitäten, damit der Hund nicht zu Hause bleiben muss! Auskunft erteilen Automobilclubs, Tierschutzbund, Botschaften und Konsulate.

Das Hundekind erobert die Welt. Im Urlaub warten viele neue Eindrücke.

Zum Schluss

Mit einem Hund verändert sich das ganze Leben so sehr, wie man es sich anfangs nicht vorstellen kann. Schnell wird der Kleine groß. Die schöne Hundekinderzeit geht relativ rasch vorbei. Genießen Sie diese wertvollen Erfahrungen. Warten Sie nicht auf bestimmte Entwicklungsphasen. Der Zeitpunkt für Prägungs-, Sozialisierungs-, Rangordnungs-, Rudelordnungsphase usw. wird von Experten manchmal wochengenau genannt. Erfahrungsgemäß kommt es auf den einzelnen Hund und die Rasse an. In meinem Bekanntenkreis hob ein rangniedriger Zweithund erst zwei Monate später das Bein als ein Einzelhund derselben Rasse. Einer fängt erst mit sechs Monaten an, an Schuhen zu knabbern und sie herumzutragen, ein anderer hört im selben Alter damit auf. Einer durchlebt die »Ich hab alles vergessen«-Phase mit acht Monaten, ein anderer mit einem Jahr, ein Dritter gar nicht. Haben Sie für all die »kleinen Scherze« des heranwachsenden Hundekindes bitte viel Verständnis. Das Schöne an Hunden ist, dass sie sich ein Leben lang eine gewisse Kindlichkeit bewahren.

Am ersten Geburtstag ist ein Hund ausgewachsen. Bis er mental **erwachsen** ist, dauert es noch eine Weile. Hundehalter berichten oft, dass sie im dritten Lebensjahr von einem Tag auf den anderen ein »Klick im Hirn« feststellen. Von da an verhält sich der Hund vernünftiger. Bei großen Rassen kommt dieser Zeitpunkt manchmal erst um den vierten Geburtstag. Hunde mögen es sehr, wenn man ihren Geburtstag feiert – mit besonders gutem Futter, vielen Leckerlis und einem extra schönen Spaziergang. Kinder können sich überlegen, welche Geschenke ihrem vierbeinigen Freund Freude bereiten.

Dieses Buch kann nur ein kleiner Einstieg in die große Welt der Hunde sein. Hundehaltung heißt auch **Weiterbildung**. Schön ist ein lebenslanger Kontakt zum Züchter. Besuchen Sie Kurse. Knüpfen Sie Kontakte zu erfahrenen Hundehaltern. Viele wertvolle Tipps sind der Lohn. Studieren Sie die Körpersprache der

Man lernt ein Hundeleben lang dazu.

Ein zweiter Hund kann das schönste Geschenk für Ihren Vierbeiner sein. Hund Nr. 1 wird Ihnen bei der Erziehung sehr helfen. (Bearded Collies)

Hunde im Park. Lesen Sie so viel wie möglich über Hunde, um Ihren kleinen Freund immer besser zu verstehen und ihm helfen zu können: Erziehung, Hundepsychologie, artgerechte Nahrung, Erste Hilfe, Naturmedizin. Fragen Sie in der Buchhandlung oder in der Stadtbücherei nach speziellen Büchern zum Thema.

Hunde führen ihre Menschen auf **neue Lebenswege**, die sie sonst nie beschritten hätten. Man wird viel aktiver, einfühlsamer und rücksichtsvoller, sieht die Welt mit anderen Augen, wählt vielleicht die eigene Nahrung bewusster oder befasst sich mit Hundefotografie (die besten Bilder entstehen unter Kopfhöhe des Hundes). Sie könnten Ihre Leidenschaft zum Backen von Hundekeksen ent-

decken, im Freundeskreis zu einem gefragten Rohfutter-Experten werden oder sich mit Naturverbundenheit und tiefem Einfühlungsvermögen in eine spirituelle Richtung entwickeln, z. B. Telepathie mit Tieren. Vielleicht machen Sie eine Tierheilpraktiker-Ausbildung, beginnen eine Zucht, eröffnen eine Hundeschule, um Ihr Wissen über sanfte Erziehung weiterzugeben, oder finden sich eines Tages mit vier Hunden wieder und schreiben Hundebücher. All das ist schon passiert.

Schön wäre es, wenn sich mehr Hundehalter dafür einsetzen würden, dass Eltern, Lehrer, Betreuer und Kinder in **Schulen und Kindergärten** Vorurteile und Ängste gegenüber Hunden abbauen, z. B. indem die Hundesprache vermittelt wird.

Ihr **Zuhause** wird nie wieder so pieksauber sein wie ohne Hund. Ihr Freundeskreis setzt sich mehr und mehr aus tierlieben, toleranten Menschen zusammen, die über ein paar Hundehaare auf den Möbeln hinwegsehen können. Möglicherweise werden überall in der Wohnung weich gekaute Büffelhautknochen, Rinderhufe und dergleichen herumliegen. Das zu tolerieren, das seinem Hund zu gönnen, das ist es, was Hundehaltung ausmacht – und weshalb Menschen, die keine Hunde mögen, Hundehalter für ein bisschen verrückt halten. Macht nichts! Man wird um so vieles mehr Mensch durch einen Hund. Wenn Sie ein Hundeleben gemeistert haben und Ihr Hund eines Tages auf die große Hundewiese im Himmel kommt, werden auch Sie sagen:

Faszination Hund

Als eine Hündin ins Haus kam, konnte die kleine Tochter noch nicht sprechen. Vergeblich hatten die Eltern »Mama« und »Papa« mit dem Kind geübt. Eines Tages sagte das Mädchen das erste Wort: den Namen der Hündin. Die Wörter »Mama« und »Papa« kamen erst Wochen später.

Man kann ohne Hund leben,
es lohnt sich nur nicht.
Heinz Rühmann

Im Laufe eines Hundelebens gibt es viele aufregende Abenteuer zu bestehen und viel Schönes miteinander zu erleben.

Service

Bücher zum Weiterlesen/DVDs:

Erziehung

Biber, Dr. med. vet. Vera: Hilfe, mein Hund ist unerziehbar! – Verhaltensänderung durch Futterumstellung, Becker, Kirchhain 2005

Eichler, Dieter: So folgt mein Hund mit Freude – Die besten Tricks der Hundepsychologen, BLV Buchverlag, München 2008

Fichtlmeier, Anton: Der Weg des Vertrauens – Grundlagen, DVD 2004

Fichtlmeier, Anton: Der Weg des Vertrauens – Der brauchbare Jagdhund: Im Feld, DVD 2006 (Anti-Jagd-Training)

Laser, Birgit: Clickertraining für den Familienhund (mit DVD), Cadmos, Brunsbek 2005

Roberts, Monty: Das Wissen der Pferde und was wir Menschen von ihnen lernen können, Lübbe, Bergisch Gladbach 2000 (Erziehungsansätze, die auf Hunde und Kinder übertragbar sind, inkl. Join-Up und »Vorstoß und Rückzug«)

Rütter, Martin: Hundetraining mit Martin Rütter, Franckh-Kosmos, Stuttgart 2006

Wegmann, Angela: Wenn mein Hund nicht hören will – Praktische Hilfe bei Verhaltensproblemen, BLV Buchverlag, München 2009

Hunde verstehen

Baumgart, Liesel: Angelo Ein Hunde-Engel auf Erden – Vom respektvollen Umgang mit Tieren in Liebe und Harmonie, Monsenstein und Vannerdat, Münster 2006 (Insiderwissen, Erziehungstipps)

Coppinger, Ray und Lorna: Hunde – Neue Erkenntnisse über Herkunft, Verhalten und Evolution der Kaniden, animal learn, Bernau 2003

Feddersen-Petersen, Dr. Dorit Urd: Ausdrucksverhalten beim Hund, Franckh-Kosmos, Stuttgart 2008

McConnell, Patricia B.: Das andere Ende der Leine, Kynos, Nerdlen/Daun 2008

McConnell, Patricia B.: Liebst du mich auch? – Die Gefühlswelt bei Mensch und Hund, Kynos, Nerdlen/Daun 2008

Ernährung

Haag, Gaby: Das koche ich meinem Hund, BLV Buchverlag, München 2009

Reinerth, Susanne: Natural Dog Food – Rohfütterung für Hunde, Books on Demand, Norderstedt 2005

Wenz, Jürgen: Doggy Bag – Backen für Hunde, Easy, Frankfurt 2003

Gesundheit

Baumgart, Liesel, und Hand, Marlies: Bach-Blüten für Tiere, Oertel + Spörer, Reutlingen 2009 (negative Gefühle als Auslöser von Krankheit und Problemverhalten)

Hand, Marlies, und Baumgart, Liesel: Schüßler-Salze für Hunde, Oertel + Spörer, Reutlingen 2009

Münchberg, Angela: Hunde homöopathisch selbst behandeln, Cadmos, Brunsbek 2003

Münchberg, Angela: Kräuterbuch für Hunde, Cadmos, Brunsbek 2005

Niepel, Gabriele: Kastration beim Hund: Chancen und Risiken – eine Entscheidungshilfe, Franckh-Kosmos, Stuttgart 2007

Tellington-Jones, Linda: Tellington-Training für Hunde, Franckh-Kosmos, Stuttgart 1999

Warrlich, Dr. med. vet. Anne: Erste Hilfe für meinen Hund, Gräfe und Unzer, München 2000

Bezugsquellen

Bezugsquellen der empfohlenen Artikel, Adressen von gewaltfreien Hundeschulen und vieles mehr finden Sie auf der Webseite der Autorin: www.hundbaby-buch.de

Stichwortverzeichnis

Über die Autorin

Liesel Baumgart blickt auf 20 Jahre Hundeerfahrung zurück. Sie hat 6 Welpen in Mehrhundehaltung großgezogen. Als langjährige Hundebuchautorin und Leiterin einer Interessengemeinschaft zum Wohl von Bearded Collies beruht ihr Wissen auf den Erfahrungen unzähliger Hundehalter.

Herzlichen Dank
an alle Freunde, die mit ihren Ideen und Erfahrungen zum Gelingen dieses Buches beigetragen haben.

Bibliographische Information der Deutschen Bibliothek
Die Deutsche Bibliothek verzeichnet diese Publikation in der Deutschen Nationalbibliographie; detaillierte bibliographische Daten sind im Internet über http://dnb.ddb.de abrufbar.

BLV Buchverlag GmbH & Co. KG
80797 München

© 2009 BLV Buchverlag GmbH & Co. KG, München

Umschlagfotos: Vorderseite Barbara Peacock/Gettyimages; Rückseite Schanz
Lektorat: Dr. Friedrich Kögel, Dr. Eva Dempewolf
Herstellung: Ruth Bost
DTP: Satz+Layout Peter Fruth GmbH, München

Printed in Germany
ISBN 978-3-8354-0436-6

Bildnachweis:
Archiv Boiselle 1, 230, 34, 55, 59, 105; Archiv Boiselle/U. Neddens 4, 21, 46, 86, 88, 92u; Baumgart 50, 72 l, 81, 84, 100, 130u, 138; Bildagentur ipo 390, 65, 67, 94, 95, 102, 113, 116, 123 l, 123r, 139; Getty/ J. Corwin 44/45; Getty/Stockbyte 135; JUNIORS/Artlist 91; JUNIORS/B.Brinkmann 35, 39u, 43, 54, 74; JUNIORS/B.Zoellner 37, 118; JUNIORS/Biosphoto 18, 103; JUNIORS/Chr.Steimer 42, 48, 66, 69, 104, 111, 120/121; JUNIORS/D.M.ventures 79; JUNIORS/H.Erdmann 128; JUNIORS/H.Kehrer 60; JUNIORS/H.Kuczka 124; JUNIORS/I.Barth 87u; JUNIORS/L.Lenz 114; JUNIORS/P.Gehlhaar 136; JUNIORS/P.Tischner 23u, 71; JUNIORS/S.Born 17, 70; JUNIORS/St.Liebold 90; JUNIORS/Sunset 76, 85; JUNIORS/U.Schanz 2/3, 5, 15, 41, 57, 61, 64, 80, 93, 101, 125; Könl 12, 49; Nevermann 28; Schanz 6/7, 9, 10, 13, 14, 16, 19, 20, 22, 25, 260, 29, 30, 32, 36, 40, 47, 51, 52, 53, 56, 58, 63, 68, 72r, 73, 75, 77, 78, 82/83, 870, 920, 99, 106, 107, 1090, 109u, 1100, 110u, 112, 115, 117, 119, 126, 1300, 131, 132, 134, 137; Stuewer 33, 89, 97, 129; Wernigk 38, 133